山东省自然科学基金项目（ZR2016GM21）

湿地生态系统服务非使用价值评价研究

The Evaluation Research on Non-use Value of Wetland Ecosystem Service

高 琴 / 著

经济管理出版社
ECONOMY & MANAGEMENT PUBLISHING HOUSE

图书在版编目（CIP）数据

湿地生态系统服务非使用价值评价研究/高琴著.—北京：经济管理出版社，2018.10
ISBN 978-7-5096-6007-2

Ⅰ.①湿… Ⅱ.①高… Ⅲ.①三江平原—沼泽化地—生态系—服务功能—研究 Ⅳ.①P942.350.78

中国版本图书馆CIP数据核字（2018）第208234号

组稿编辑：丁慧敏
责任编辑：丁慧敏　张广花
责任印制：黄章平
责任校对：陈　颖

出版发行：经济管理出版社
　　　　　（北京市海淀区北蜂窝8号中雅大厦A座11层　100038）
网　　址：www.E-mp.com.cn
电　　话：（010）51915602
印　　刷：北京玺诚印务有限公司
经　　销：新华书店
开　　本：720mm×1000mm/16
印　　张：12.25
字　　数：168千字
版　　次：2018年11月第1版　　2018年11月第1次印刷
书　　号：ISBN 978-7-5096-6007-2
定　　价：48.00元

·版权所有　翻印必究·

凡购本社图书，如有印装错误，由本社读者服务部负责调换。
联系地址：北京阜外月坛北小街2号
电话：（010）68022974　邮编：100836

前　言

湿地具有维持生物多样性、净化空气、维持环境平衡和稳定、维持生命所需的物质循环等生态系统服务功能，同时也为人类提供生态、经济与景观价值等丰富的生态环境资源，缓解我国资源环境压力，已成为支持生命的全球三大重要生态系统之一。以往人们在使用生态环境资源时，对湿地生态系统价值的认识大都停留在其市场价值而忽略其非市场价值，导致了湿地生态系统服务的损害，使湿地生态系统快速退化和自然环境大范围恶化。因此，对湿地生态系统服务功能的非使用价值进行有效评估将有利于人类更深入地理解自然生态系统，更清楚地认识到湿地生态系统提供的支持、调节、产品和文化等多种服务功能的重要性。

陈述性偏好方法是当前生态环境领域价值研究的主要方法之一。该方法具有代表性的有条件价值法和选择实验法。这两种方法都是通过设置假想市场询问受访者的支付意愿以获得生态环境的非使用价值，不同的是，条件价值法适用于环境物品的整体评价，而选择实验法则能够进行多属性、多水平决策。但因受访者的真实意愿很难测量，这两种方法的评价结果可能都会与环境物品的实际价值存在偏差。考虑到受访者的支付行为必是经过深思熟虑计划的结果，为了提高环境物品价值评价的有效性，人们开始研究影响人们支付意愿的社会经济因素，如社会经济特征等对支付意愿的影响。然而，不同的个体拥有不同的环境心理态度，不同的事先信息水平和对环境问题的不同看法,这些差异也会影响其最终支付意愿。除此之外,很多学者认为空间属性也是影响支付意愿的重要因素之一,越来越多的学者转而关注影响支付意愿的社会心理因素以及空间因素。

计划行为理论是社会心理学中被认可的重要的行为关系理论,主要反映个体实施一个具体的行为所必需的态度以及感观可能性。该理论认为个体行为是由其行为意向来决定是否执行的,假定态度、主观规范和知觉行为控制能帮助人们更好地理解相关行为,适合应用于解释或者预测人的行为,且其解释和预测人的行为的能力具有普遍性,并不只针对个别的特定行为,已经成为当前流行且有效的行为动机测量手段之一,成为重要的行为预测模型,被广泛运用于各种情境,成为解释个人采取某一特定行为的理论基础,越来越多的学者运用这一理论来研究个体行为。

本书选取三江平原湿地生态系统服务为研究对象。首先,基于空间视角,利用条件价值法,构建基于受访者认知的湿地生态系统服务非使用价值空间分异模型,假设个人对于物品的认知在空间上并不是均衡分布的,不同空间内的受访者的支付意愿存在差异,将样本分为核心区、辐射区、外围区,对三江平原湿地生态系统服务的总体认知、距离以及支付意愿的关系进行研究和解释。结果显示,核心区、辐射区、外围区居民的平均支付意愿总体呈递减趋势,证实了个人对于物品的心理认知在空间上并不是均衡分布的,不同空间内的受访者的支付意愿存在差异的研究假设,验证了空间、认知和 WTP 之间的相关性,阐明了距离衰减性的内在机理。其次,基于计划行为理论,将受访者的社会心理因素进一步分为态度、主观规范、知觉行为控制、受访者道德信念以及生态环境伦理观维度,并以此为潜变量,构建湿地生态系统服务非使用价值的社会心理因素的结构方程扩展模型,深入研究社会心理因素对支付意愿的影响机理。结果显示,扩展的计划行为理论模型可以很好地解释支付意愿的形成,其中态度、主观规范是影响个体支付意愿的主要因素,道德信念和生态环境伦理观均通过态度对支付意愿产生影响。

前 言

再次,利用选择实验法,从三江平原湿地面积、生物多样性、水源涵养和自然景观等湿地生态系统所发挥服务功能的四个主要属性展开研究,纳入计划行为理论有效因子,构建基于计划行为理论的湿地生态系统服务非使用价值评价模型,结果表明,纳入计划行为理论有效因子的湿地生态系统服务非使用价值评价模型的拟合程度更高,可以有效提高评价结果的可靠性。公众对于湿地生态系统服务属性的偏好由高到低分别为水源涵养、湿地面积、自然景观和生物多样性。支付意愿分别为每人每年98.92元、58.90元、54.09元和46.06元,公众人均支付意愿为每人每年218元。公众对提高水资源改善水平的评价高于其他属性的改善水平。最后,通过对湿地生态系统服务支付意愿的计算得到三江平原湿地生态系统服务的非使用价值为每年83.559亿元,这意味着,政策制定者需要承认湿地生态系统服务具有较高的非使用价值,忽略湿地生态系统服务的非使用价值势必会造成居民的经济和潜在需求的损失,影响湿地生态系统的可持续发展。本项研究使计划行为理论的适用领域得到了拓展,为陈述性偏好方法的科学性改进提供了有效的实证案例,为日后湿地公共环境政策的制定提供了理论依据,研究方法可推广至其他研究对象和区域。

目 录

1 绪论 ··· 1
　1.1 研究背景 ··· 1
　1.2 研究目的和意义 ·· 5
　　1.2.1 研究目的 ··· 5
　　1.2.2 研究意义 ··· 6
　1.3 国内外研究进展 ·· 9
　　1.3.1 生态系统服务价值评价研究进展 ····································· 9
　　1.3.2 CVM 在非使用价值评价中的研究进展 ···························· 17
　　1.3.3 CE 在非使用价值评价中的研究进展 ······························· 22
　　1.3.4 行为意向影响因素研究进展 ·· 25
　1.4 研究内容和研究方法 ·· 29
　　1.4.1 研究内容 ··· 29
　　1.4.2 章节安排 ··· 31
　　1.4.3 研究方法和思路 ·· 32
　1.5 历次调查及要解决的问题 ·· 35
　　1.5.1 调查区域及样本的选取 ·· 35
　　1.5.2 历次调查情况 ··· 36

2 相关理论基础 ·· 39
2.1 消费者选择理论 ·· 39
2.1.1 需求与供给 ·· 40
2.1.2 效用理论 ·· 43
2.2 福利度量工具 ·· 48
2.2.1 补偿变差与补偿剩余 ·································· 48
2.2.2 等效变差与等价剩余 ·································· 50
2.3 自然资源价值理论 ·· 52
2.4 湿地生态系统服务价值的内涵及构成 ························ 54
2.4.1 湿地的概念 ·· 54
2.4.2 湿地生态系统服务功能和价值 ······················ 56
2.5 生态系统服务价值评估方法 ······································ 60
2.5.1 市场为基础的评价方法 ······························· 62
2.5.2 揭示性偏好方法 ·· 64
2.5.3 陈述性偏好方法 ·· 65
2.6 本章小结 ··· 67

3 湿地生态系统服务非使用价值空间分异研究 ················ 69
3.1 条件价值法概述 ·· 70
3.2 问卷设计 ··· 72
3.2.1 双边界二分式引导技术核心问题设计 ··········· 72
3.2.2 双边界二分式调查方案 ······························· 73
3.2.3 问卷结构 ·· 74
3.3 问卷调查 ··· 75
3.3.1 样本的描述性统计 ······································ 75
3.3.2 抗议支付的原因 ·· 77

3.3.3　受访居民对湿地生态系统服务认知的空间差异 ………… 78
　3.4　模型构建及参数估计 ………………………………………… 81
　　　3.4.1　模型变量的选择与定义 ………………………………… 81
　　　3.4.2　平均支付意愿估计 ……………………………………… 82
　3.5　本章小结 ……………………………………………………… 85

4　湿地生态系统服务非使用价值社会心理因素研究 ……………… 87
　4.1　计划行为理论的基础理论 …………………………………… 87
　　　4.1.1　主观期望效用理论 ……………………………………… 87
　　　4.1.2　理性行为理论 …………………………………………… 88
　　　4.1.3　计划行为理论 …………………………………………… 90
　4.2　研究假设和模型设定 ………………………………………… 91
　　　4.2.1　支付意愿影响因素定义 ………………………………… 91
　　　4.2.2　研究假设 ………………………………………………… 95
　　　4.2.3　结构模型设定 …………………………………………… 96
　4.3　研究工具 ……………………………………………………… 97
　　　4.3.1　结构方程模型介绍 ……………………………………… 97
　　　4.3.2　结构方程模型要素 ……………………………………… 98
　　　4.3.3　结构方程模型的优点 …………………………………… 100
　　　4.3.4　结构方程模型分析步骤 ………………………………… 101
　　　4.3.5　结构方程模型适配指标 ………………………………… 102
　4.4　问卷设计与调查 ……………………………………………… 104
　　　4.4.1　问卷设计 ………………………………………………… 104
　　　4.4.2　正式调查 ………………………………………………… 108
　4.5　描述性统计分析 ……………………………………………… 109
　　　4.5.1　样本人口信息统计 ……………………………………… 109

4.5.2 抗议支付原因分析 …………………………………… 111
 4.6 SEM 数据分析 ………………………………………………… 112
  4.6.1 SEM 变量描述性统计分析 ………………………… 112
  4.6.2 共同方法偏差检验 ………………………………… 117
  4.6.3 信度分析 …………………………………………… 118
  4.6.4 效度分析 …………………………………………… 120
  4.6.5 验证性因子分析 …………………………………… 125
  4.6.6 高阶因子验证性分析 ……………………………… 127
  4.6.7 SEM 评价与结果分析 ……………………………… 128
 4.7 本章小结 …………………………………………………… 134

5 湿地生态系统服务非使用价值评价 ……………………………… 135
 5.1 选择实验法介绍 …………………………………………… 136
  5.1.1 选择模型总论 ……………………………………… 136
  5.1.2 多项 Logit 模型 …………………………………… 138
  5.1.3 IIA 假设 …………………………………………… 139
  5.1.4 评价技术 …………………………………………… 139
  5.1.5 消费者补偿剩余 …………………………………… 140
 5.2 选择实验设计 ……………………………………………… 141
  5.2.1 选择实验步骤 ……………………………………… 142
  5.2.2 属性特征构成及水平的选取 ……………………… 142
  5.2.3 实验设计 …………………………………………… 145
 5.3 模型估计 …………………………………………………… 146
 5.4 生态系统服务非使用价值评价 …………………………… 147
 5.5 模型结果分析 ……………………………………………… 149
 5.6 本章小结 …………………………………………………… 150

6 研究结论与未来展望 ··· 151
6.1 研究结论 ··· 151
6.2 研究创新点 ··· 153
6.3 研究不足与展望 ··· 154

附录 ··· 155

参考文献 ··· 165

后记 ··· 179

1 绪论

1.1 研究背景

环境效益价值评估是环境管理政策制定的决策基础，也是对社会经济活动在宏观和微观层面进行费用效益分析的基础，是生态环境管理领域重要的研究问题。伴随着经济发展，人类活动已使我国生态系统遭受空前的冲击与破坏，区域性的生态危机日益突显，严重威胁到社会经济的发展、人类的生存和生态环境的安全，已构成了国家安全威胁[1]。一个不容忽视的事实是：人类对于矿产、森林等自然资源的无限开采与砍伐，使得生态环境不断恶化，空气、水源以及海洋环境污染日益加重，地球上生物物种的生存环境正遭受着空前的毁灭，各种野生动植物濒临灭绝，人类生存与发展面临着严峻的威胁。湿地具有维持生物多样性、净化空气、维持环境平衡和稳定、维持生命所需的物质循环等生态系统服务功能，同时也为人类提供生态、经济与景观价值等丰富的生态环境资源，缓解我国资源环境压力，已成为支持生命的全球三大重要生态系统之一。生态系统服务被定义为人们根据生态系统结构过程以及为人类提供的功能，间接或者直接获得的支持生命的服务或产品。绝大部分生态系统服务间接影响人类的经济生活，表现为由遗产和存在价值等组成的非使用价值[2]。和普通商品不同，大部分生态系统服务并不直接通过商品市场直接影响人们的福利变化，所以人们很容易忽略它们的存在。以往人们在使用生态环境资源时，对湿地生态系统价值的认识大都停留在其市场价值而忽略其非市场价值，导致了湿地生态系统服务的损害，使湿地生态系统快速退化和自然环境大范围恶化。因此，科学地评价湿地生态系统服务的非使用价值将有利于人类更深入地理解自然生态系统，更清楚地认识湿地生态系统提供的支持、调节、供给和文化等多种服务功能的重要性。联合国千年生态系统评估（The Millennium Ecosystem Assessment，MA）框架制定核心内容，把生态系统现状与历史趋势的评估、生态系统未来趋势的评估、针对各种提高生态系统服务功能的对策评估、典型地区生态系统与人类福利的评估均纳入其中。在此框架下开展自然与社会经济的生态系统综合评价，建立适宜不同区域的生态系统综合评估方法显得至关重要。1997年Costanza[3]在《Nature》上发表的有关全球生态系统服务价值评估的论文，引起了世界各国学者的关注，该论文的发表大大加快和促进了生态系统服务价值研究的进程，将生态系统服务的价值化研究推向高潮。

一般而言，商品都可以通过公开市场交易机制来决定其价值，但是对于市场上并没有实际交易行为的生态系统服务等环境产品，其价值在于为消费者创造的无法直接衡量的效益。生态系统种类繁多，包括森林、溪流、海洋和河口等，生态系统所能提供的服务与价值也是多元化的，市场上所体现的商业交易价值，仅占其总价值的一小部分，绝大部分的价值并未形成交易市场[4]。虽然随着科学研究的进展，人们发现了这部分生态系统服务所涵盖的无法通过市场机制反映出来的非市场价值的重要性，远大于可以在市场交易买卖的商业价值，因此对其价值的评估更需要进一步探索[5]。对环境产品的价值评价成为关注度较高且意义深远的问题，随之环境产品评价的技术和方法也成为了学术界的热门问题。因此，研究学者们便针对非市场商品提出了假想市场评估法，如条件价值法和选择实验法等。实际执行上，针对受访者提出假设性问题，让受访者置身于研究者事先假设的虚拟市场中，来回答其对于某种非市场商品或商品属性所愿意支付的金额，此金额即受访者的支付意愿，显示该非市场商品或商品属性对于受访者的价值，可以以此作为评估该商品所具有的市场价值的指标。支付意愿（Willingness To Pay，WTP）指消费者对某商品愿意付出的价格，该价格显示此商品对消费者的价值。1943年，Hicks[6]首先提出了补偿剩余价值（Compensating Surplus，CS）代表消费者的支付意愿，紧接着提出对等剩余（Equivalent Surplus，ES）代表愿意接受补偿的价格（Willingness To Accept，WTA），用来衡量环境资源数量变动所带来的效益。Arrow，Solow，Leamer等于1993年提出建议，由于以往采用WTA的研究结果可能产生没有上限的夸大补偿金额，因此，采用WTP来衡量环境资源的变动效益更为合理[7]。为实际衡量人们对湿地生态系统服务愿意付出的价格，以提供评估其市场价值的参考，本研究将采用Arrow等学者的建议，拟把WTP作为研究探讨的基础。

许多学者认同以支付意愿的方式对受访者进行调查能够得到非市场商品的价值，由于湿地生态系统服务的多面性，生态系统服务具有多价值性，从而导致个人偏好的多样性[8]，不同个体和群体之间存在不同偏好。有些人可能对生态环境抱有极大的兴趣，而有些人对此则完全漠不关心。政策制定者感兴趣的是谁是受影响的利益相关团体，并理解他们为什么支持或者反对生态系统服务，从而增加政策决策的社会公平性和政治合法性。支付意愿的影响因素分析一直是各国研究者们实证研究中的重要内容。

值得一提的是，近年来大多数研究在评估自然区域保护价值的同时也分析了研究中受访者社会经济特征的影响。通常来说，收入在环境资源货币价值评估中往往扮演着重要的角色，已有研究证明，高收入的人群会有更高的支付意愿。而且多数研究结果表明，收入和文化程度对支付意愿产生积极的影响，而年龄则会产生消极影响。实际上，在对支付意愿的研究中，受访者的真实意愿很难测量，影响人们支付意愿或偏好的并非只有经济因素，还应包括社会心理动机等。根据 NOAA 小组的建议，社会经济变量通常被用作解释变量，以控制意愿回归中的个体异质性，而道德和态度等心理变量则较少被环境经济学家用来解释环境偏好。这种遗漏是由于许多估价研究认为个人是非市场商品的"传统消费者"，而不是投票赞成或反对某一公共物品的"公民"。在公民的角色中，不同动机将会影响到其支付意愿的决定，包括道德和道德考虑，不同的个体拥有不同的环境心理态度，对环境问题的不同看法和事先信息水平，这些差异可能会影响最终支付意愿的估计，其影响程度可能远远高于其他社会经济特征。当人们要表达自己的支付意愿时，必然会相信自己的直觉、感受以及基本价值观。考虑到受访者的支付行为必是经过深思熟虑计划的结果，为了提高环境物品价值评估的有效性，不仅要研究社会经济特征的影响，如调查对象的人口统计特征，还要将非经济因素，如环境商品选择行为的心理动机因素纳入研究范围。

随着支付意愿研究的不断发展，很多学者认为距离属性也是影响支付意愿的重要因素之一[9]。通过查阅国内外相关文献发现，由于所处的空间地域不同，个人 WTP 和受访者与作为评价对象的环境资源之间的距离存在递减关系，即离保护对象越远的受访者，其支付意愿也就越低，这个现象被学者们称为"距离衰减性"（Distance Decay Effect，DDE）。然而，尽管有诸多研究证实了距离衰减性的存在，但是对距离衰减性出现的原因尚缺乏探讨。

本书的选题立足于丰富和完善环境资源生态系统服务非使用价值评价的理论基础和实践经验，追踪湿地生态系统服务价值评价方法的发展趋势，选取三江平原湿地生态系统服务为研究对象。首先，将空间距离和适合于环境物品整体价值评价的条件价值法相结合，研究假设不同空间内的受访者的真实支付意愿不是均衡的，建立湿地生态系统服务非使用价值空间分异模型，探索距离对支付意愿的影响，验证空间、认知和 WTP 之间的相关性，解释距离衰减性出现的原因。其次，将计划行为理论引入到环境物品支付意愿的影响因素研究中,构建基于计划行为理论的湿地生态系统服务非使用价值的心理因素的结构方程模型,探索湿地生态系统服务非使用价值背后的心理动机。最后,通过将计划行为理论和选择实验法相结合,对湿地生态系统服务非使用价值评价模型加以改进,构建基于计划行为理论的湿地生态系统服务价值评价模型,揭示消费者在湿地生态系统服务属性之间的偏好差异,完成对湿地生态系统服务非使用价值的评价。研究将受访者社会属性特征、心理特征以及空间特征纳入影响因素,深入分析空间、心理因素对 WTP 的影响机理,进一步提高对受访者支付意愿行为意图的解释力和预测力,提高环境价值评估过程的科学性以及环境价值评估结果的可靠性和有效性。研究结论将为有关湿地生态环境管理部门制定对应的管理政策提供参考,也为湿地保护和修复措施的权衡和选择提供理论依据。

1.2 研究目的和意义

1.2.1 研究目的

本书在搜集和梳理国内外湿地生态系统服务价值评估与选择行为研究的基础上,以随机效用理论为基础,评价研究区域生态系统服务非使用价值以及各属性的价值,解决湿地生态系统服务各属性之间的损益比较问题;从空间分异的角度,验证距离因素对支付意愿的影响,解释距离衰减性产生的原因;基于计划行为理论分析受访者对湿地生态系统服务属性选择行为中的潜变量之间的相互作用关系及各变量对选择结果的影响,构建潜在变量和显变量共同决定选择行为过程的结构方程模型,开展湿地生态系统服务非使用价值心理影响因素的研究,揭示受访者对湿地生态系统服务支付意愿的潜在动机,完善湿地生态系统服务非使用价值的评价理论和方法,具体研究目的如下:

(1) 构建湿地生态系统服务非使用价值空间分异模型,探索距离对支付意愿的影响,验证空间、认知和 WTP 之间的相关性,解释距离衰减性的内在机理。

(2) 探索社会心理因素对支付意愿的影响,增加受访者道德信念和生态环境伦理观维度对计划行为理论模型进行创新扩展,构建湿地生态系统服务非使用价值影响因素的结构方程模型,开展对湿地生态系统服务非使用价值社会心理影响因素的研究,揭示受访者支付意愿的潜在动机,增加受访者对湿地生态系统服务支付意愿的解释力和预测力。

(3) 将计划行为理论和选择实验法相结合,将个人社会经济特征和对支付意愿产生直接影响的心理特征纳入多项 Logit 模型中对模型进行改进。构建基于计划行为理论的湿地生态系统服务非使用价值评价方法,提高环境资源价值评价结果的有效性。

(4) 揭示消费者在湿地生态系统服务属性之间的偏好差异,确定哪些属性是湿地生态系统服务非使用价值的主要来源,解决湿地生态系统服务各属性之间的损益比较问题。

(5) 以三江平原湿地生态系统服务为研究对象进行实证分析,以实际问卷调查获得的数据为支撑,以离散选择模型以及结构方程模型为依托,完成对三江平原湿地生态系统服务非使用价值的评价,力求得到相对精确的评价结果,为三江平原湿地生态资源的开发和保护、湿地生态环境管理部门制定对应的管理政策提供实证经验和有益的决策参考。

1.2.2 研究意义

湿地不仅是人们生活的地方,在某些时候也是人们寻求宁静的港湾,可以为人们提供多元化的休闲机会以及健康和环境益处。本书通过分析受访者对湿地生态系统服务支付意愿的潜在动机，对湿地生态系统服务非使用价值进行货币化评价，使其开发和保护的对比成为可能，为制定湿地相关管理政策提供参考。

（1）理论意义。首先，本书为探讨湿地生态系统服务非使用价值提供了新的研究视角。对比国内外文献不难发现，国外研究成果的涉及内容更丰富，研究框架更完善，我国学者对湿地生态系统服务的研究主要偏重价值的评估，影响因素主要涉及社会经济特征变量的分析。但是，社会经济特征变量只能解释估量环境行为的适度水平变化，因而分析结果欠全面。本书从空间视角以及受访者行为动机出发，致力于分析人们对于湿地生态系统服务如何认知、思考以及如何更好地解释他们的环境行为意图，为探讨湿地生态系统服务价值评价的有效性提供了新的研究视角，丰富和完善环境资源生态系统服务效益评价的理论基础和实践经验，提高相关评价结论的整体一致性。

其次，本书拓展了计划行为理论应用范围。不同的研究表明，对环境的改善来说，个人环境伦理观和道德信念与WTP是相关的，在某行为所导致的后果的警报下，人们会感到既定的环境行为将会大大增强责任与发生的概率。这种情况使人觉得有责任去预防某种环境后果，因此迫使他们作出决定。根据NOAA原则，社会经济变量通常作为解释变量来控制WTP回归，而道德和环境伦理观等社会心理变量通常较少被经济学家作为变量来解释环境偏好。作为公民，不同的动机会影响WTP决策，包括生态环境伦理观和道德考量。这些道德信念在其他案例中也表现出与环境态度相关。因此，本书在已有计划行为理论的基础上，结合生态学、心理学、统计学、社会学以及管理学等多学科理论，加入道德信念和生态环境伦理观维度进行创新和扩展，对湿地生态系统服务非使用价值影响因素进行多方法、多学科的综合交叉研究的同时，也拓宽了计划行为理论原有的应用范围。

最后，本书为环境物品非使用价值评价理论和计划行为理论的结合提供了理论参考。通过整理分析国内外相关文献可知，国内外对于计划行为理论的应用研究多集中于影响特定个体行为的因素分析，虽然各种环境物品的价值评估案例很多，但是鲜有对于这两种理论结合的应用的研究。本书在原始计划行为理论的基础上加以扩展和改进，并将其和环境物品非使用价值评价的方法结合起来探讨三江平原湿地生态系统服务非使用价值及居民对三江平原湿地生态系统服务非使用价值的影响因素，有助于提高生态系统服务评价结果的有效性与可靠性。研究结果将提高评估手段的科学性，丰富和完善湿地生态系统非使用价值评价理论与方法。

（2）实践意义。首先，本书将为科学制定合理的湿地生态管理制度提供指导，对湿地生态系统服务非使用价值空间分异模型以及湿地生态系统服务非使用价值影响因素的研究，有助于理解湿地生态系统服务偏好异质性的形成机理，了解对于生态保护责任分配的社会观点，使相关政府决策部门把握公众支付行为的内外动因，增加政策决策的社会公平性和政治合法性，推进生态系统保护的健康快速发展。

其次，本书对于不同社会群体生态环境伦理多样性的把握，有助于区域生态旅游规划及旅游产品的开发，促进社会、经济与环境的可持续发展，为湿地保护和修复措施的权衡和选择提供参考。

最后，本书基于三江平原湿地的实证分析，将促进评价结果在湿地环境政策中的应用，有助于湿地生态补偿制度的实施，以及实现湿地环境物品费用负担和利益分配的公平性；有助于制定合理的湿地环境资源价格体系，探索湿地自然资源资产负债表的编制。

综上，本书具有一定的理论意义及广泛的应用价值。

1.3 国内外研究进展

1.3.1 生态系统服务价值评价研究进展

自然环境中对人类有用的一切物质和能量都是自然资源（Natural Resources），就自然资源的特性区分，一般可分为存量资源（Stock Resources）与流量资源（Flow Resources）两种。资本是在一个时间点上存在的物质或讯息的存量，包括有形的形态与无形的形态，每一种形态的资本存量单独服务或者与其他资本存量功能服务会产生一种服务流，这种服务流用于转化物质或物质的空间配置而增进人类的福祉[10]。简而言之，自然资本即为存量，而生态系统服务即为流量。生态系统服务及产生这些服务的自然资本对于生命支持系统的功能极为重要[11]。

生态系统服务由自然资本的物质流、能源流和讯息流（生态系统功能）所构成，并与人造资本和人力资本一起服务人类，为人类提供社会经济福利。生态系统服务描述了人类对自然生态系统的需求和偏好，通过生态系统功能为人类提供服务。生态系统服务是生态系统功能的表现，生态系统功能是生态系统服务的过程，但生态系统服务和生态系统功能并不一定是一对一的关系，有些可能是一个生态系统服务由两个以上生态系统功能共同产生，有些可能是一个生态系统提供两种以上的生态系统服务。这种复杂及不确定的生态系统关系导致自然生态价值难以量化，这需要加强生态基础背景调查、研究与了解，来帮助生态系统服务价值的评估。

生态系统功能属于生态上的系统，不同特征条件的生态系统，代表不同的结构（生物量、土壤、动植物群、水等）和不同效率或不同状况的生态作用进程（光合作用、蒸发、生物地理化学循环、分解、群集化、演替等），但生态总经济价值却属于经济上的系统，因此，要评估生态系统的经济价值需要找出一套方法连接生态系统与经济系统，即为生态系统服务，它包含了有形的产品（农林渔牧业、水资源等）与无形的服务（维持生物多样性、补充地下水、控制洪水等）两个部分，其扮演着生态与经济间的桥梁，将生态系统功能对应的服务用经济的方式呈现，而经济系统的全部价值被称为总经济价值（Total Economic Value，TEV），包括直接使用价值、间接使用价值以及非使用价值。

生态系统功能反映了植物、动物和微生物等生物的各种行为（包括觅食、生长、运动、排泄等），以及各种生物对他们所生存的环境的物理及化学条件上的影响。一个具有功能的生态系统是一个有与其类型相对应的生物和化学行为特征的系统，以湿地生态系统为例，需要具备满足植物生长速度、碳存储和养分循环等多数湿地生态系统所具有的特征，若湿地被转化为农业生态系统，则其功能将随之改变。生态学家通常将一个生态系统的本质特征概括为两个部分，即生物与非生物。生物部分由物种形成的群落组成，这些物种从功能上可划分为植物生产者与以生产者为食物和相互为食物的消费者及分解者；非生物部分由有机物和无机物组成。能量和物质在这两个部分之间传输，也可能在整个系统水平进行输入和输出。生态系统过程可以通过测定这些过程的速度来定量，即生态系统功能可以通过测量生态系统过程的大小和动态来量化。

最早的生态系统功能定义由 Odum[12] 提出，可从两个层面来理解：一个层面是生态系统功能即为生态系统的过程或性质；另一个层面是生态系统功能是生态系统本身所具备的基本属性，独立于人类而存在。除此之外，较具代表性的定义是由 Groot、Wilson 和 Boumans 等[13] 于 2002 年提出的，认为生态系统功能是生态系统过程的子集而非生态系统本身，描述的是生态系统为人类直接或间接提供商品或服务的能力,也就是说生态系统功能必须对人类有价值。两者的观点刚好形成对比,Odum 的观点着重于生态系统的自然属性。而 Groot、Wilson 和 Boumans 等的观点则侧重于人类对生态系统服务的需求,更关注生态系统的社会属性。

关于生态系统服务的分类,目前已经存在许多不同的划分形式,比较典型的如千年生态系统评估(MA)依据功能性将生态系统服务分为四大类,包括供给服务、调节服务、文化服务和支持服务。供给服务是指生态系统服务为人类提供的各种环境产品或服务;调节服务是指人类从生态系统调节作用过程中得到的利益;文化服务是指人类通过生态系统获得的精神充实、认知发展、思考、休闲娱乐和美学欣赏等非物质利益;支持服务是指提供其他生态系统服务正常运转的必需服务功能,可能会与供给服务、调节服务和文化服务有所重叠,例如,侵蚀控制同时属于调节服务和支持服务,不同的地方是支持服务对人类的影响是通过间接的方式或是发生在一个长时间尺度,其他三类服务对人类的影响相对于支持服务则较为直接或发生在短期内。

生态系统为人类提供各种不同的服务,而每种服务在不同的生态系统中对该地区人类生存及生活品质的贡献则会有程度上的差异,例如,旱地生态系统中的淡水供给服务会较其他服务重要。简而言之,不同地区的同一项生态系统服务有等级之差,对人类生存、生活品质和永续发展相对重要的服务可以称为核心服务。具体如表 1-1 所示。

生态系统服务的探索在 19 世纪就已经开始,最早的生态系统服务可以追溯到 George Marsh[14]出版的《Man and Nature》,书中记载了由于人类活动的巨大影响,导致地中海区域的生态环境遭到破坏,此外也意识到自然生态系统中分解者所扮演的角色功能,之后人们意识到人类无法替代生态系统为人类所提供的服务并且也开始注意到生态系统的再循环功能。直到 19 世纪 60 年代中期,关于生态系统服务经济价值的相关科学研究逐渐发展成为生态学与生态经济学的分支。

表 1-1　生态系统服务与功能

生态系统服务	生态系统功能	举例
大气调节	对大气化学成分调节	维持CO_2和O_2平衡、调节臭氧层的保护
气候调节	调节全球气温	调节温室气体、调节形成云的颗粒物等
干扰调节	对环境变化自我调节、保持平衡	防止风暴、控制洪水
水分调节	调节水文流量	防洪、调节河川径流
水资源供给	存储和保持水资源	蓄水、地下含水层的水供给
侵蚀控制与保持沉积物	土壤调节	防止土壤或沉积物的流失
土壤形成	土壤的物理形成过程	岩石风化
养分循环	养分在生物间的传递	固氮、氮、磷等元素的循环
废弃物处理	废弃物管理	污染控制与废物分解
授粉	协助花粉传授	为植物结果提供媒介
生物控制	调节物种阶层	物种间的相互制约
栖息地	为生物提供生境地	提供物种繁殖地、物种居住地
食物生产	初级食物总供给	以打猎、耕种、捕捞获得食物
原物料	初级生产原料总供给	燃料等原材料生产
遗传资源	具有遗传功能的材料	基因、细胞、微生物DNA等
休闲	提供游憩、娱乐的机会	旅游、户外休闲活动
文化	提供非物质利益	美学、教育、科学等价值

1972 年，Clapham[15]首次使用环境服务（Environment Service）的概念，并指出了一系列自然系统提供的环境服务，主要有蓄水防洪、水土保湿、土壤形成、气候调节、生物控制与大气调节等。Westman[16]（1977）指出，必须要将生态系统为人类提供的社会效益纳入研究领域，使社会在制定环境政策和管理决定时能够做出更加科学的决定，并将生态系统服务的社会效益定义为"自然的服务（Nature's Service）"。1981 年，Ehrlich[17]在描述生物多样性对生态服务的重要影响时，第一次将 Westman 的"自然服务"称为生态系统服务，这一术语逐渐受到肯定并被广泛使用。随后，又有许多人对生态系统服务进行探讨。

1 绪论

到了1997年，出现了两项重大的研究，使生态系统服务的研究前进了一大步。一项是由Daily[18]领导的美国生态学会研究团队出版的有关自然的服务的专著《Nature's Service: Societal Dependence on Natural Ecosystem》，专著中明确地对生态系统服务的概念进行了定义，并且详细介绍了有关生态系统服务价值研究的发展历史，并提出生态系统服务可以归结为两类：一类是生态系统产品；另外一类则是生命支持功能。紧接着根据不同类型的生态系统进行了专题研讨，主要包括淡水生态系统、草原生态系统、海洋生态系统以及森林生态系统，并挑选案例进行实际分析。另外一项研究是1997年，Costanza[3]等在《Nature》期刊上发表的文章《The Value of the World's Ecosystem Services and Natural Capital》，文中指出人类生存与福祉所必需的那些生态系统产品和生态系统功能即为生态系统服务，并将如何使生态系统有足够的能量传送生态系统服务暂定为永续发展的目标之一，同时将生态系统提供的产品（Goods）和服务（Services）合并，简称为生态系统服务，然后把全球主要的生物圈划分为16个不同类型进行全面性分析，包括海洋、草原、河流、城市、泥沼地、湿地等，并提出17项生态系统服务功能，最后对全球生物圈生态系统服务的价值进行评价。这两项研究成为生态系统服务的分类根基，引起大批学者的广泛讨论，后来多以此分类为基础加以延伸或改良。1997年，Daily[18]认为生态系统服务不仅可以维持生物多样性，而且可以维持各种自然生态系统产品的生产，并为人类提供生存需要的环境过程和产品。

目前受到学者广泛运用的生态系统服务概念源于2001年开始的由联合国相关机构及其他组织资助的为期四年的国际合作成果——千年生态系统评估（MA），此为世界上首次针对全球陆地生态系统和水域生态系统开展的综合性的研究，其主要内容之一即为生态系统服务的评估，探讨人类福祉的变化与生态系统的变化之间的关系。MA的生态系统服务继承了Costanza与Daily的定义，指出生态系统服务价值即人类从生态系统中获得的利益，通过整合现有学科的资料、数据和信息,为决策制定者、研究者以及受益者提供相关资讯,改进生态环境资源管理水平,促进社会经济永续发展。生态系统服务的变化会对人类福祉产生深远的影响,包括安全、维持高品质生活所需的基本物质条件、健康、社会与文化等。这些人类福祉的组成要素会受到人类的自由和选择影响,且反过来又会影响到人类的自由和选择,即两者互相影响维持着动态平衡。千年生态系统评估目前在评估生态系统管理与生态永续发展中占有重要地位。

国外生态系统服务价值的评估研究可以追溯到比利时学者提出的以野生生物休憩的费用作为野生生物的经济价值。之后,美国也开展了湿地生态系统服务的评价工作,如麻省理工大学等通过对湿地进行分类,分别研究湿地的生态系统服务价值,随后建构了快速的湿地评价模型,该模型通过对湿地进行分类,对湿地的功能进行评价,一度成为当时最亮眼的评价模型,此后,很多国家开始广泛使用该模型,各种研究机构也开始对此产生兴趣。1974年,Holdren和Ehrlich[19]正式定义了生态系统服务,人们开始对生态系统有关的结构和功能进行了大量的研究,为进一步研究生态系统服务打下了坚实的基础。1990年,美国学者Costanza[20]等对路易斯安那州海岸湿地的防风暴及游乐价值进行评估。与此同时,英、法、西班牙及爱尔兰等国家的相关研究机构和大学开启了"欧洲湿地生态系统功能评价"的研究。相关研究成果表明,自然湿地的生态系统各要素的价值主要是由其特定的湿地功能决定的。而至今在生态学研究领域被认为是最具影响因子的研究成果,1995年Costanza,Audley和Borden[21]等学者针对生态系统服务价值的研究成果,使得生态系统价值评估的原理及方法得到了明确的认可。从此,越来越多的研究学者开始被吸引并更关注湿地生态系统服务的价值评估。由于生态系统是一个完整的体系,其所提供的商品或服务有时候只能被视为整个生态系统的产出,而难以论断是由生态系统内哪些成分所提供,2000年,Ammour等学者通过对尼加拉瓜(Nicaragua)太平洋沿岸红树林的生态系统和危地马拉的阔叶林生态系统所提供的商品与服务的价值进行评估，结果显示，十年内的价值分别约为570万美元与507万美元[22]。2001年，Guo，Xiao，Gan等也尝试评估了中国兴山县内森林的生态系统服务价值，其中直接使用价值成分约为5423万元人民币，间接使用价值为52873万元人民币，合计使用价值共有58296万元人民币[23]。此外，Loomis和Ekstrand通过比较普拉蒂河（Platte）河流重整前后的生态系统服务价值发现，重整后能够提升的五种生态系统服务价值为1900万~7000万美元，远远大于重建河流所需要的成本[24]。

生态系统除了能够提供游憩等使用价值外，也拥有非使用价值，包含了遗赠价值与存在价值两部分。这是因为部分民众从未使用过该自然资源，且预期未来也不会有任何形式的使用，却仍然愿意支付若干金额保护该资源。例如1997年，Kramer与Mercer曾评估热带雨林的价值，研究显示，美国民众每户愿意支付21~31美元，以额外地保护全世界5%的热带雨林[25]；同年，Garrod与Willis对英国森林委员会的偏远林地进行价值评估，此林地种植了非原生种的大片针叶林，在当时具有高度的商业价值，为了增加林地的生物多样性，森林委员会决定将此片林地恢复到程度不等的原始林的状况。由于该片林地人烟罕至，且英国民众每户每年仍然愿意支付18.5~56.4英镑以保存森林多样性，所以此价值仅仅表示该森林生态系统的非使用价值[26]。1999年，Poor衡量美国内布拉斯加州的Rainwaferr Basin湿地，结果发现当地居民每户每年愿意支付4.17美元来维护该湿地[27]。整理近年国外湿地生态系统服务价值评估方法的研究进展如表1-2所示。

表1-2　国外湿地生态系统服务价值评估方法研究进展

年份	作者	评估方法	评估对象
1996	Kosz	支付意愿法	越南湿地生态系统的存在价值
1997	Constanza	市场价值法、非市场价值法	全球生态系统功能和自然资本价值

续表

年份	作者	评估方法	评估对象
2000	Loomis	二分法支付意愿法	美国丹佛南普拉特河流域湿地稀释污水、水质净化、控制侵蚀、野生物栖息地、娱乐服务价值
2001	Woodward	荟萃分析	美国39个湿地无市场价值的服务
2006	Tilley	动态能值分析	美国佛罗里达南乔治亚州戴德县黑湾的雨洪湿地生态系统服务价值
2010	Brown 等	能值分析	法国富瓦流域湿地恢复价值，包括经济价值、资源价值和环境价值
2010	Pert 等	问卷调查	澳大利亚塔利墨累流域湿地水调节服务所带来的生物多样性
2012	Christie	评估生物多样性的货币及非货币方法	次发达国家湿地生态系统的生物多样性价值
2012	Ibarra 等	替代工程法	美国墨西哥城霍奇米尔科湿地的农业生态系统的水质改善价值、碳固定价值以及生物多样性价值
2012	Sander 和 Haight	享乐价值法	美国明尼苏达州的湿地城市周边地带植被覆盖与相邻水域带来的文化价值的增加
2015	Vitor Dias 和 Ken Belche	选择实验法	萨斯喀彻温省的湿地生态系统服务价值，尤其对水资源做了评估
2016	A. J. Castro 等	条件价值法	美国中南部的分水岭地区的湿地生态系统服务价值

我国生态系统服务功能价值研究主要集中在自然生态系统的服务功能价值评估上。代表性的研究是欧阳志云等（1999）对中国陆地生态系统服务功能的评价，他对中国生态系统的间接经济价值进行了细致深入的探讨，并将生态系统服务功能价值总结为四个方面：直接价值、间接价值、选择价值和存在价值[28]。之后其他学者也陆续开始了对生态系统服务价值评估的研究。张翼飞[29]等针对CVM有效性与可靠性的研究推动了CVM在我国生态系统服务价值评估领域的进一步发展与应用；周葆华[30]等学者运用市场价值法、碳税法、影子工程法等方法评价了安庆沿江湖泊湿地的经济功能价

值；马占东[31]等运用市场价值法、碳税法与造林成本法、影子工程法、费用支出法、专家估算法以及替代费用法等多种方法对南四湖湿地生态系统服务功能价值进行估算，发现在湿地生态系统功能中，调节功能价值最受关注，其次是支持功能和文化功能，最后是物质生产功能；崔丽娟[32]等对比了市场价值法、替代成本法和旅行费用法三种不同的生态经济学方法，以扎龙湿地的生态系统服务为研究对象，得到了湿地生态系统服务总价值和中间服务价值。敖长林等学者通过条件价值法以及选择实验法对湿地生态系统服务非使用价值评估方法进行了一定的理论研究和应用实践[33-35]。

1.3.2 CVM在非使用价值评价中的研究进展

根据新古典经济理论，市场价格通常是社会对商品和服务的价值的充分参考。如果一件商品或服务具有价值，个人将愿意支付购买它或接受对其损失或损害的赔偿。在普通市场，随着购买商品实际的价格支付，这种价值是可观察到的，但对于湿地生态系统服务这种特殊的公共环境商品和服务，由于市场的不完善以及它们对个人的价值是不容易观察的，它们实际的价格或价值都容易被扭曲或者忽略。经济学家认为，公共物品本身极易产生外部性，拥有不完全的市场或者财产权，这是导致市场异常或者不完善的主要原因[36]。

不仅体现在环境商品和服务上，市场缺陷还可以在教育、交通、健康以及其他类型的社会公共物品的市场价值上体现，这些社会公共物品本身会产生收益或成本，但是市场却不能为其提供适当的、明确的价格。因此，如何对它们进行有效的经济价值的评估，这是在这些不同的领域的所有研究学者有所关注的问题。各种经济评估技术已被开发和应用于评估生态系统服务的货币价值。国际自然保护联盟（IUCN）将这些评估方法分类为：①以市场价格为基础的评价方法（Market-based Method）。主要的方法有市场价格法、生产函数法、重置成本法、防护费用法和机会成本法等。②揭示性偏好方法（Revealed Preference，RP），如旅游成本法和特征价格法等，间接地从商品或服务的购买价格中获得生态系统服务价值。③陈述性偏好方法（Stated Preference，SP），如条件价值法和选择实验法，通过在假设的设置中使用个体陈述的行为来估计生态系统服务的货币价值。通常，揭示性偏好方法和陈述性偏好方法是经济学家热衷的应用于社会公共物品的非使用价值的经济估价的两类主流方法，其主要区别在于数据来源和收集方法方面不同[37]。

揭示性偏好方法，也叫市场替代法，是通过人们在实际的市场行为中或者从与评估商品相关的其他商品市场所蕴含的价格信息或者所获得的利益，来判断出消费者的偏好，以此推断出评估商品的价格。通常而言，经济学家喜欢在评价环境商品和服务的价值时依赖可观察的市场，但是，如何选择可以确切反映评估商品非市场价值与效益的替代市场，则成为采用这一方法的首要任务[38]。

由此可见，为了得到生态系统服务的价值或者效益，揭示性偏好方法必须要找到一个有市场的替代商品，通过这个替代商品和环境商品或服务的关系，作为间接反映环境商品或服务的价值的衡量。但是，许多环境商品或服务并不容易找到适合市场替代商品来作为间接的价值推断。当特别强调环境商品或者服务所具有的存在价值对于人类的特有意义时，如何为这些资源创造一个假想虚拟的情境，并由人们来反映这些情境变动时的价值，则在目前被认为是可以获得这类环境资源货币价值的主要方法[37]。采用这一个方法最主要的工作，就是要为所评估的环境资源，通过问卷设计的方式创造一个假想的市场，而所创造的市场就要让在其中购买的消费者宛如面对真实的情境一样，因此，如何设计一个合理的问卷，是让此方法所评估到的结果可以得到比较高的可信度的关键因素。国际上开发出许多利用假想市场来评估生态系统和环境物品的技术，条件价值评估法（Contingent Valuation Method，CVM）就是其中最常用的一种方法，由于其具有应用的灵活性和广泛的适用性等特点，条件价值法当之无愧地成了假想市场评估技术中运用最广、影响最大的方法之一。

条件价值法理论最早出现于1947年，由Ciriacy[39]提出，1963年Davis[40]第一次将其应用于森林生态系统服务价值的评估，后来的学者们一般以此作为CVM的诞生标志。此后，该方法开始被频繁应用在各种有关公共资源、物品及相关政策的研究中，针对环境恢复和环境改善的CVM研究文献逐年增多。1979年，美国水资源委员会（WRC）将条件价值法应用于水资源的规划中，并将它与旅行成本法一起列为最优的评估栖息效益的两种方法。1986年，美国内政部又在自然资源以及环境资源的非使用价值评估中推荐其为最适合的方法[41]。1989年，美国埃克森美孚（Exxon Mobil）公司突然发生一起重大的石油泄漏事故，造成了自然景观和各种野生生物的价值损失并因此被提起诉讼，政府组织专家对损失的价值进行评估，当时使用的就是条件价值法，评估结果惊人，因石油泄漏竟然造成了近28亿美元的价值损失，面对这个结果，Exxon Mobil公司不予认可，认为这个价值评估过程中包含了非使用价值，这是不可靠的。为了对评估结果做出客观且全面的评价，美国海洋和大气管理局（NOAA）邀请到了Kenneth Arrow和Robert Solow两位经济学诺贝尔奖得主亲自主持"蓝带小组"，全方位地对CVM进行评价，最终两位专家肯定了CVM评估结果的有效性，但同时也提出了实施CVM必须注意的指导原则，这起事故奠定了CVM在美国环境物品经济价值评估中的地位。

进入21世纪以后，有关CVM的研究出现了大的飞跃，CVM研究先后在英国、法国、挪威、丹麦等国家出现，在短短20年的时间里，世界上有关CVM的应用研究就达到2000多例[42]。其主要是用于评估水资源、生物多样性、生态环境保护、生态系统恢复等价值。最有代表性的研究如Loomis[43]等在2000年对流域生态系统恢复的总经济价值进行的研究，又如2001年，Jorgensen[44]等利用条件价值法在公共的环境物品的公平性方面进行的研究。

2009年，Loomis[45]连续发表了多篇CVM研究成果，进一步深入分析了

CVM 的评价理论，通过对比美国三个州的居民对不同燃料处理方法的支付意愿以及不同种族对支付意愿的影响[46]，提出了影响 WTP 的诸多因素，同时对条件价值法在各研究领域的应用进行探索和改进，比如，利用 CVM 评估了关闭高速公路以保护环境的非市场价值等[47]。CVM 的应用得到了越来越多学者的重视，应用领域也越来越广泛，支付意愿的引导手段也各有不同，表 1-3 整理了近些年 CVM 在国外的部分研究案例。

表 1-3 CVM 在国外的部分研究案例

发表时间（年）	作者	研究内容	采用方法
2007	Elena Ojea	西班牙加利西亚野生动物的保护价值	二分式
2008	Saz-Salazar 等	西班牙巴伦西亚市一个公园的非使用价值	双边界二分式
2008	Kilgore Michael A. 等	美国明尼苏达州新森林管理模式的居民补偿意愿调查	支付卡式
2008	Toshisuke Maruyama 等	日本金泽灌溉水的多种功能经济价值	双边界二分式
2008	Van der Heide 等	荷兰粉碎的居留地保护的经济价值	双边界二分式
2009	Spash Clive L. 等	苏格兰泰河河流生态系统的生物多样性的社会价值	二分式
2009	Caula S. 等	法国蒙彼利埃市城市绿化环境的支付意愿评估	支付卡式
2009	Buckley Cathal 等	爱尔兰公共用地的娱乐需求价值	支付卡式
2009	Daniel Deisenroth 和 John Loomis	美国科罗拉多州拉里默县高速公路周边环境保护的非市场价值	二分式
2011	K. R. Kang 等	韩国庆南果木园环境价值	双边界二分式
2012	K. R. Kang	伊朗饮用水经济价值	双边界二分式
2013	A. Amoah	西非加纳热带稀树草原地区雨水改良需求	投标博弈法
2014	S. G. Hosking	河流防洪工程等河道整治工程可能破坏的河流生境的货币价值	单边界二分式
2015	F. K. Behjou	Shorabil 湖户外游憩价值	双边界二分式
2016	E. J. Lee	鲸鱼的经济价值	双边界二分式
2017	S. K. Kang	船上钓鱼经验活动的实用价值	双边界二分式

通过查阅文献可知，CVM 的经验大多是在发达国家积累起来的，这与人们对生态环境的意识以及对问卷调查的熟悉度有关。而在大多数发展中国家，人们缺乏相关调查经验，又因收入能力的限制，政府对生态环境管理的重视程度以及对环境政策执行情况的透明度等原因，都会影响 CVM 在发展中国家的应用。直到 20 世纪 90 年代末，条件价值法的应用研究才开始在我国出现，不过随着研究经验的积累和方法本身的不断进步，我国环境和资源经济学家都开始认可 CVM 是有效且可行的[48]，应用条件价值法评估环境资源的经济效益的研究案例逐年增多。表 1-4 整理了我国学者近年来将 CVM 法应用于价值评估的部分研究案例。

表 1-4　CVM 在我国的部分研究案例

发表时间（年）	作者	研究内容	调查方式	采用方法
2002	徐中民等	额济纳旗生态系统恢复的总经济价值	邮件调查	支付卡
2002	张志强等	张掖地区生态系统服务恢复的价值	邮件调查	支付卡
2002	崔丽娟	扎龙湿地价值货币化评价	面访	支付卡
2005	杨凯、赵军	城市河流生态系统服务的价值	面访	支付卡
2005	张茵等	九寨沟的游憩价值	面访	支付卡
2005	金建君等	中国澳门特区固体废弃物管理改善的总经济价值	面访	单边界二分式
2006	陈琳、欧阳志云等	中国野生动物资源保护的经济价值	面访	支付卡
2006	张明军等	宝天高速公路修建过程中沿线保护生态环境的经济价值	面访	支付卡
2007	蔡银莺等	武汉市农地非市场价值评估	面访	支付卡
2008	杨武等	杭州生态系统服务价值	面访	支付卡
2009	曾贤刚等	三江源区生态资源非使用价值	面访	支付卡
2009	周学红等	东北虎保护的经济价值及其可靠性分析	面访	支付卡
2010	王凤珍等	武汉市典型城市湖泊湿地资源的非使用价值	面访	支付卡
2010	王丽等	罗源湾海洋生物多样性维持服务价值	面访	支付卡

续表

发表时间（年）	作者	研究内容	调查方式	采用方法
2010	曾贤刚等	空气污染健康损失中统计生命价值	面访	支付卡
2011	蔡志坚等	流域生态系统恢复价值	面访	双边界二分式
2012	许丽忠	福建省鼓山风景名胜区	面访	双边界二分式
2013	王喜刚等	海岸带地区环境资源经济价值	面访	双边界二分式
2014	游魏斌	武夷山风景名胜区遗产价值	面访	支付卡
2015	马爱慧	农户耕地补偿意愿	面访	双边界二分式
2016	敖长林等	三江平原湿地生态环境价值	面访	双边界二分式

通过整理近几年国内关于 CVM 的研究文献发现，2002 年在国内核心期刊上同时出现多篇 CVM 的研究案例，表明该方法开始引起我国环境经济学领域的重视。2002 年徐中民、张志强等人系统地评价了额济纳旗地区和张掖地区生态系统服务恢复的经济价值，正式开启了 CVM 在我国生态系统价值评价方面应用的篇章。此后，我国资源环境领域的专家学者们都开始将该方法广泛应用于自己的研究当中，大量充实了我国 CVM 研究的案例基础。另外，支付意愿引导技术也在不断进步，从刚开始的开放式支付卡式慢慢向双边界二分式转变。

1.3.3　CE 在非使用价值评价中的研究进展

选择实验法（Choice Experiment, CE）是更广泛的陈述性偏好方法的一种，被认为是基于属性的方法。商品本身并不会为消费者带来效用。相反，商品会有属性，而这些属性会产生效用。选择实验法要求受访者从一组选项不同的属性水平选择卡片中选择他们最偏爱的产品。被消费者重复选择的这些选择卡片揭示了消费者在属性之间的权衡意愿。在缺乏真正的市场数据时，精心设计的选择实验过程可以更好地模拟市场选择情景，帮助深入理解消费者的购买行为，产生可靠的 WTP 估计，这使得 CE 成为许多研究学者研究环境物品价值的最优选择工具。

选择实验的应用最早于 1983 年出现在 Louviere 和 Henshe[49]、Louviere 和 Woodworth[50]的市场营销文献中，直到 20 世纪 90 年代中期才逐渐被运用到环境问题研究中。Adamowicz[51]和 Boxall[52]等最早尝试将选择实验法应用于加拿大的河流流量替代方案以及蛇鹿捕猎问题中。之后的研究主要集中在游憩、森林与荒野、湿地和水体等方面。代表性的研究有：2003 年，Carlsson、Frykblom 和 Liljenstdpe 运用 CE 法，基于随机参数模型对湿地环境属性进行价值评价，得出生物多样性和基础设施对游客效用影响最大[53]；2007 年，Brey 等使用 CE 对森林的娱乐效益进行评价，揭示了森林游憩偏好的重要变化和不同森林站点的特点[54]。

近年来，CE 快速发展并被广泛应用于各个领域的价值评估[55]。2003 年，Carlsson 等[56]在瑞典对 Staffanstorp 湿地管理的每一个属性进行了经济价值评估。2006 年，Hanley 等[57]对爱尔兰河流生态系统的环境属性进行评价。同年，Christie 等[58]把重点放在了引发英国剑桥郡和诺森伯兰的公众对生物多样性的不同属性的偏好。Birol 等（2006）[59]应用选择实验法来估计希腊民众对 Cheimaditida 湿地提供的生态、社会和经济功能价值观的变化。Jacobsene 等（2008）发现，因居民所处地理位置的不同以及受不同的文化背景的影响，对国家森林公园的生态环境质量的认知存在差异，通过选择实验对居民的旅游偏好进行分析，估算出了国家森林公园的娱乐价值并制订了针对不同地域和文化背景游客的环境质量改善方案[60]。Sælen（2013）通过观察和预测气候变化，估计森林使用者对不同条件下的森林旅行的支付意愿，得到旅游者对森林的偏好[61]。Dias 等（2015）对湿地的生态系统服务的三种属性的支付意愿进行估计，比较不同属性的价值，得到了湿地的管理方案[62]。Schoot 等在 2017 年利用选择实验，研究保加利亚居民在提供医疗服务方面的偏好,结果显示,消费者愿意接受更高的服务价格[63]。Fabian Grabicki 等(2017)利用选择实验法研究现状偏差以及消费者对绿色电力的支付意愿,结果表明,选择实验法是一种很好的研究个体偏好的方法[64]。Ginevra Virginia Lombardi 等(2017)利用选择实验法评估消费者对有机牛奶的支付意愿,结果表明,在改变消费者对有机产品态度方面,沟通起着很重要的作用[65]。Yvonne Matthews 等(2017)通过三个阶段的选择实验数据来研究支付意愿的稳定性,结果显示,有较高支付意愿的受访者具有更稳定的支付意愿[66]。

国内关于 CE 的研究起步较晚,但也出现了一部分学者对此进行应用研究。徐中民等(2003)通过 CE 系统评价了黑河流域额济纳旗地区生态恢复的经济价值,发现提高水质和增加动物的种类是实现生态系统可持续发展的合适选择[67]。金建君等(2005)分别用 CE 和双边界二分式条件价值法对中国澳门特区固体废物的价值进行评估研究,分析了两种方法的评估结果发现,相比二分式条件价值法,利用选择实验法评估的结果更能够将消费者的偏好揭示出来[68]。2007 年,翟国梁等以中国退耕还林为例,对选择实验法的原理和应用做了梳理,他指出,在制定各种退耕还林的政策决策时,农民最关心的是退耕还林的相应补助是否能够得到保障,这是影响农民做出选择的首要因素[69]。2013 年,樊辉和赵敏娟对 CE 在资源环境和生态管理等领域的应用进行了综述,提出了 CE 在我国可能的应用范围[70]。2015 年,王尔大等将沈阳国家森林公园作为实证研究对象,利用选择实验法对公园内的景观属性进行经济价值的分析,利用条件 Logit 模型获得公园内提供最大效用的自然资源以及管理属性的组合[71]。2016 年,苏红岩和李京梅对选择实验加以改进,对广西红树林湿地修复的居民偏好和属性价值进行了评估[72]。樊辉等在 2016 年基于选择实验法视角,以石羊河流域为例对生态补偿意愿差异进行研究,分析结果发现,石羊河流域的城镇居民对最佳生态补偿方案的剩余价值为 769.42 元/户,农村居民的补偿剩余为 504.72 元/户[73]。毛碧琦、敖长林等在2017年利用选择实验法对三江平原湿地生态系统服务价值进行评价，并对偏好异质性进行研究。结果显示，湿地生态系统服功能的价值依次为水源涵养>湿地面积>生物多样性>自然景观，并将受访者分为资源偏好型、景观偏好型和价格敏感型三个潜在类别[74]。范紫娟等在2017年基于CVM和CE对三江平原湿地保护价值的支付意愿进行对比，也得到了选择实验法比条件价值法更能揭示受访者的偏好信息的研究结论，其评估结果更接近于实际[75]。万伦来等[76]在2017年利用多项对数模型（Multinomial Logit）和混合对数模型（Mixed Logit）对巢湖水资源非市场价值进行了测算。蓝菁等在2017年利用选择实验法对生物资源公众保护偏好进行研究，结果显示，公众愿意参与武夷山地区生物资源保护的比例达到了60%左右[77]。同年，赵正等基于选择实验法对城市林业的支付意愿及行为进行了研究，分析了北京市民对不同城市林业属性水平的偏好，并据此测算出各属性的边际价值以及不同组合方案的相对价值[78]。

国内外利用选择实验法（CE）对环境资源进行评估的案例研究已经有很多，并且越来越受到研究者的关注。但选择实验法（CE）的有效性和可靠性仍旧是学者们非常重视的问题。由于CE是通过构建假想市场，以问卷调查为工具来估计环境物品的经济价值和公众的选择偏好，因此评估过程中假想市场构建、选择集设计以及选择支付呈现方式会直接影响评估效果，CE在提供更多偏好信息的同时，也大幅提高了实验设计的难度，在实验过程中容易引起偏差。

1.3.4 行为意向影响因素研究进展

支付意愿的影响因素分析一直是各国研究者们价值评估实证研究中的重要内容。由于选择实验法是在虚拟场景下获得人们的支付行为，受访者的真实支付意愿具有不可知性，因此行为意向成为分析真实行为的一个重要依据。行为意向被认为是计划行为最好的预测因素,也是预测行动的无偏见因素。受访者支付意愿并非只考虑经济因素,社会心理动机等因素也应该被包括进去。因此,当他们回答支付意愿这个问题时,对公共设施的感觉往往趋于直觉[79]。这就是说,当人们要透露自己的支付意愿时,他们相信自己的直觉、感受以及基本价值观。借此可将受访者行为动机作为分析真实意愿的一个重要依据,从而能显著提高对个人行为的解释力和预测力,揭示湿地生态系统服务选择行为中个人的社会偏好的异质性形成的机理。近年来,菲什拜因理论逐渐被应用于环境估价以及支付意愿的估算中,认为消费者对环境物品的支付意愿很大程度取决于他们对环境的认知和态度。菲什拜因理论又称理性行为理论(Theory of Reasoned Action,TRA),由美国学者 Fishbein 和 Ajzen[80]提出。随着该理论研究的不断发展,研究者将注意力转向捕捉个体间由于个人特征或决策背景所产生的行为偏好的系统差异,1973 年,心理学家 Ajzen 和 Fishbein[81]通过对人的行为的研究,提出了社会心理学中最著名的态度行为关系理论——计划行为理论(Theory of Planned Behavior,TPB),计划行为理论主要反映个体实行一个具体的行为所必需的态度以及感观可能性,是社会心理学中被认可的有效的行为关系理论,在国外已经被广泛应用于心理与行为的研究中,如运动行为、旅游行为、环保行为以及其他社会行为等领域。为了了解 TPB 的解释力如何,1992 年,Parker 等通过对酒后驾驶行为的研究发现,计划行为理论可以很好地解释危险超车行为、酒后驾驶行为以及超速驾驶行为[82];1998 年 Conner 和 Armitage 对计划行为理论进行元分析,发现行为态度、主观规范和知觉行为控制可以解释近 50%的行为意向的变异,而行为意向和知觉行为控制又可以解释 20%~40%的实际行为的变异[83];2003 年,Armitage 和 O'Connor 运用荟萃分析的方式分析了 185 篇运用 TPB 的相关研究后发现,TPB 可以解释 27%的行为变异量以及 39%的行为意愿变异量[84];2003 年,Chu 和 Chiu[85]运用了 TPB 来探讨民众家庭废弃物回收行为;2011 年,Ceren 等运用 TPB 探讨了美国 232 位教师的回收行为[86]。值得一提的是，2008年，Hartmann和Apaolaza-Ibáñez对环境态度给出较为广义的定义，认为认知、情感甚至知识等成分都应该被包含在广义的态度中[87]。可见，态度有可能受到诸多因素的影响。近年，有学者将TPB理论应用于环境物品的选择行为分析。2014年，Borges等利用计划行为理论分析了农民改善草地的意愿，结果显示，态度、主观规范和认知行为控制都与意向显著相关[88]。同年，López-Mosquera等在已有研究的基础上，以计划行为理论模型确定其对游客愿意支付公园保护的影响力，研究发现，道德信念是预测行为意图的主要因素，其次是态度[89]。2016年，Justin Paul等通过构建计划行为理论模型发现，相较于主观规范，消费者的态度和认知行为对预测购买意愿控制显著[90]。Chen[91]也在2016年通过扩展计划行为理论模型很好地解释了人们从事能源节约的意图。这些研究都取得了不错的研究成果，可见计划行为理论很适合应用在解释或者预测人的行为方面，且其解释和预测人的行为的能力具有普遍性，并不只针对个别特定的行为，已经成为当前流行且有效的行为动机测量手段之一，成为最成功的行为预测模型，已被广泛运用于各种情境中，成为解释个人采取某一特定行为的理论基础，越来越多的学者应用这一理论来研究个体行为[92]。

计划行为理论也受到了国内学者的关注，研究主要集中于营销学、经济学和心理学等领域，并做了许多实证研究，例如：消费者网上购买意向[93]，大学生使用BBS的行为意向[94]，北京居民新能源汽车购买意向[95]，居民出境旅游目的地选择[96]等。也有学者将其用于猪肉购买意愿的分析，如2010年，罗丞[97]以无公害猪肉这一安全食品为例，在计划行为理论的框架下分析了影响中国消费者对食品安全支付意愿的因素。结果显示，"是否愿意支付额外费用"和"愿意支付多少额外费用"是影响消费者对安全食品支付意愿的两个关键因素。元飞飞[98]以江西省消费者为研究对象，以可追溯猪肉为具体种类，构建消费者对可追溯猪肉额外价格支付意愿的理论模型。结果显示,态度、主观规范、知觉行为控制对消费者额外价格支付意愿具有显著的正向影响。

以上分析都证实,在 TPB 构架中,Ajzen 认为态度、主观规范、知觉行为控制会影响行为意向。基于这一前提,计划行为理论可以提供个体行为意向研究的完整框架,如果将其运用于湿地生态系统服务的选择行为的解释和预测中,显然是合理且可行的,只需要给民众对湿地生态系统服务的态度、主观规范和知觉行为控制等因素进行具体的定义。湿地不仅是人们生活的地方,在某些时候也是人们寻求宁静的港湾。人们在面临湿地为其日常生活提供的息息相关的多重收益和服务的现实情景下,其内心感受决定了其对湿地生态系统服务的态度、主观规范以及知觉行为控制,进而又会影响其服务选择行为意向,最终决定人们对生态系统服务的选择结果,即人们对湿地生态系统服务选择的个人行为,受人们对其的尊重以及对环境问题怀有敬意时的感受和想法的影响。已有学者对此进行了实证研究,例如,许丽忠等(2013)尝试应用计划行为理论来解释福州市民对近郊型游憩场所鼓山的环境保护动机,结果表明,受访者的文化程度、对鼓山的熟悉程度显著地影响到知觉行为控制变量,同时行为态度、主观规范、知觉行为控制变量间两两相关,它们共同决定着受访者的行为意向[99]。尹昕在 2016 年以淀山湖水环境改善的经济价值为研究对象,结果显示,改善水环境态度、为改善水环境的支付态度、主观规范、认知行为控制和道德信念变量五者之间有显著的相互影响[100]。黄宰胜等[101]在 2017 年基于计划行为理论,以浙江省温州市的林农为对象,分析了林农的碳汇林经营受偿意愿及影响因素。

随着支付意愿研究的不断发展,很多学者认为距离也是影响支付意愿的重要因素,有关距离和个人行为动机的研究早期就出现了相关的研究成果。Sutherland 和 Walsh[102]在估计 Flathead Lake 水质的非使用价值时,发现距离与非使用价值之间呈负相关;1995 年,Hanink[103]在其研究中也发现,个人 WTP 和受访者与作为评价对象的环境资源的距离具有递减关系,即越接近保护对象的受访者越倾向于愿意支付；在 1996 年，Loomis[104] 利用二分式 CVM，探讨距离对 WTP 的影响，在一定程度上再次验证了 WTP 随距离增加而递减的关系。

本书拟将受访者的社会经济属性、心理属性、地理环境等属性相结合，深入研究支付意愿的影响因素。基于计划行为理论，加入个人道德信念和生态环境伦理观的新维度，探究哪些因素会影响湿地生态系统服务非使用价值，从研究思路、建模过程以及在已有的应用领域的研究结果来看，符合分析湿地生态系统服务选择行为的新需求，研究结果将使人们对湿地生态系统服务的选择行为的预测更准确，在此基础上估算的湿地生态系统服务价值结果也将具有现实意义。

1.4 研究内容和研究方法

1.4.1 研究内容

本书以三江平原湿地生态系统服务为研究对象，选取三江平原湿地的当地部分居民以及游客样本数据来实现这些研究目标。三江平原湿地是公众最常去的地方之一，因为该区域离居民区很近，能为人们提供多元化的休闲机会以及带来健康和环境益处。因此，本书重点评估三江平原湿地生态系统服务的非使用价值，并分析公众对于湿地生态系统服务支付意愿的潜在动机，确定湿地生态系统服务属性的价值排序，帮助提高该区域的保护水平。研究内容分为以下五点：

（1）湿地生态系统服务非使用价值空间分异研究。将空间和个人认知相结合，研究假设个人对于物品的认知在空间上并不是均衡分布的，不同空间内的受访者的真实支付意愿也不是均衡的，采用双边界二分式CVM，通过问卷调查，探讨居民对三江平原湿地生态系统服务的支付意愿水平，将样本分为核心区、辐射区、外围区，采用双边界二分式CVM，建立支付意愿空间分异模型，验证距离、认知和WTP之间的相关性，解释支付意愿距离衰减性存在的机理。

（2）构建湿地生态系统服务非使用价值社会心理因素的结构方程扩展模型。首先假设与受访者环保相一致的、为维护与改善湿地生态系统服务而做出的支付行为会受到一个道德因素和个人环境伦理观的影响，引入计划行为理论，将受访者的社会心理因素进一步分为态度、主观规范、知觉行为控制、受访者道德信念以及生态环境伦理观维度，并以此为潜变量构建湿地生态系统服务非使用价值社会心理因素的结构方程模型，通过问卷调查获得的数据对假设模型进行检验并得出结论，分析探讨有哪些社会心理因素会影响受访者采取支付行为。同时也厘清各维度之间的相互影响关系，提升对有关环境方面相关意图和行为的理解。

（3）构建基于TPB和CE的湿地生态系统服务非使用价值的选择实验改进模型。将TPB和选择实验模型相结合，将有效社会心理因素维度纳入到选择实验模型中，构建基于计划行为理论的湿地生态系统服务非使用价值评估方法，相比仅包含社会经济信息参数的传统选择实验模型，研究结果将更具可靠性及科学性。

（4）居民对湿地生态系统服务属性的偏好分析。揭示消费者在湿地生态系统服务属性之间的偏好差异，确定哪些属性是湿地生态系统服务非使用价值的主要来源。

（5）三江平原湿地生态系统服务非使用价值评价。通过对湿地生态系统服务效用函数选取不同的多项Logit模型进行拟合，获得湿地生态系统服务属性价值，分析某个属性变化而导致的支付意愿变化规律，解决湿地生态系统服务属性之间的损益比较问题,最终完成三江平原湿地生态系统服务非使用价值的评价,为政府相关政策的制定和决策提供参考依据。

1.4.2 章节安排

本书将分为六章,具体研究内容安排如下:

第1章为绪论。主要包含研究背景、研究目的和意义、国内外研究现状、研究内容、研究方法与思路。

第2章为相关理论基础。具体包括消费者选择理论、福利经济学基础理论、自然资源价值理论、生态系统服务功能及价值理论、湿地生态系统服务价值内涵及构成以及生态系统服务价值评估方法等基本理论的介绍。

第3章为湿地生态系统服务非使用价值空间分异研究。以三江平原湿地为例,通过设计采用双边界二分式CVM调查问卷,通过空间视角将居民的认知程度纳入到支付意愿的计算中,建立基于CVM的支付意愿空间分异模型,验证空间、认知和WTP之间的相关性。

第4章为湿地生态系统服务非使用价值社会心理因素研究。本章以三江平原湿地为例,分析构建研究假设结构模型,然后通过运用SPSS Statistics 23和AMOS 21统计软件对现场调查回收数据进行描述性统计分析、问卷信度和效度分析、结构方程模型分析,研究个体对湿地生态系统服务支付意愿及其社会心理影响因素,对研究假设进行检验,最终得出研究结论。

第5章为湿地生态系统服务非使用价值评价。本章首先介绍了选择实验法的基本原理,以三江平原湿地生态系统服务非使用价值为评估对象,通过选取生态系统服务属性和水平,应用选择实验模型,运用第4章的研究结果,构建基于计划行为理论的选择实验改进模型,对三江平原湿地生态系统服务进行多属性评价,最终得到三江平原湿地生态系统服务非使用价值的同时,进一步探讨受访者支付意愿的形成机理。

湿地生态系统服务非使用价值评价研究

第6章为研究结论与未来展望。对本书研究结果进行总结和讨论，并对研究不足进行分析，展望未来可能的研究方向。

1.4.3 研究方法和思路

本书主要基于消费者选择理论、自然资源价值理论以及福利经济学理论等基础理论，以问卷调查获得的数据为支撑，以离散选择模型以及结构方程模型为依托，对湿地生态系统服务非使用价值进行评价，基于计划行为理论对湿地生态系统服务非使用价值影响因素做进一步的深入研究。结合本书的研究内容与目标，本书拟采用陈述性偏好方法、计划行为理论、文献研究法、定性与定量相结合的方法、实证研究法、问卷调查以及群体访谈法等相结合的综合研究方法，做到理论与实际相结合，突出体现管理科学研究的逻辑性与科学性。

（1）陈述性偏好方法。生态系统服务是一种特殊的公共环境商品和服务，其非市场功能属性大多没有明确的价格，因而只能通过陈述性偏好方法进行评价。本书利用陈述性偏好方法中的条件价值评估法和选择实验法，围绕着市场的缺失创造假设情境，基于问卷调查，利用虚拟市场征求公众支付意愿，以获取如生态环境状况的改善（或避免环境状况的恶化）对个人福利的影响，从而对湿地生态系统服务非使用价值进行货币化评价，获得湿地保护计划项目所带来的经济效益，使得湿地生态环境资源的开发和保护的对比成为可能。

（2）文献研究法。文献研究法是在对现有的国内外相关文献进行大量收集、整理、归纳和总结后，掌握和确定当前研究的前沿性以及该研究领域的研究热点、空白点和难点，为后续研究提供科学的理论基础和合理的研究假设。本书通过对国内外有关湿地生态系统服务价值评价和计划行为理论的文献检索、收集、整理、归纳和分析发现，对湿地生态系统服务非使用价值的社会心理因素的研究,将大大提升对公众有关环境方面相关意图和行为的理解,提高环境物品非使用价值评价的有效性。因此,本书基于以往理论研究基础,充分借鉴相关实证研究成果,开展湿地生态系统服务非使用价值的评价研究。

(3) 定性与定量相结合的方法。定性和定量相结合的方法有助于全面了解研究对象,从多角度探求研究对象的本质特征。本书在文献研究基础上,借鉴相关生态系统服务价值的评价方法体系,结合三江平原生态系统现状,收集三江平原湿地当地居民以及旅游者对湿地生态系统服务的保护意愿特征,进行数据整理与统计分析,在对湿地生态系统服务特征和非使用价值进行定性分析的基础上,采用条件价值法及选择实验法,获得受访者对湿地生态系统服务支付意愿,构建数理模型,对湿地生态系统服务非使用价值进行定量化分析和评价。

(4) 实证分析法。本书根据已有理论和经验,确定研究假设,设定研究模型,编制问卷量表,设计假想市场,选取三江平原湿地生态系统服务为研究对象,运用 SPSS、AMOS、EVIEWS 和 NLOGIT 等统计软件,通过描述性统计分析、探索性和验证性因子分析、效度和信度分析、结构方程模型、离散选择模型等多种常用统计分析法对数据进行处理分析,对模型进行修正,验证研究假设,力求数据分析的过程更加科学,得到的研究结果更加可信。

(5) 问卷调查法。本书选取三江平原湿地为研究对象,首先通过与当地湿地管理部门的管理者进行访谈,分别选取 2011 年 2 月~6 月和 2014 年 7 月~8 月两个时间段的三江平原湿地当地居民和游客为受访对象,采用网络调查、群体访谈、面访调查等方式广泛收集数据,确保所收集的数据真实有效,使研究结论更加科学合理。

本书的研究思路如图 1-1 所示。

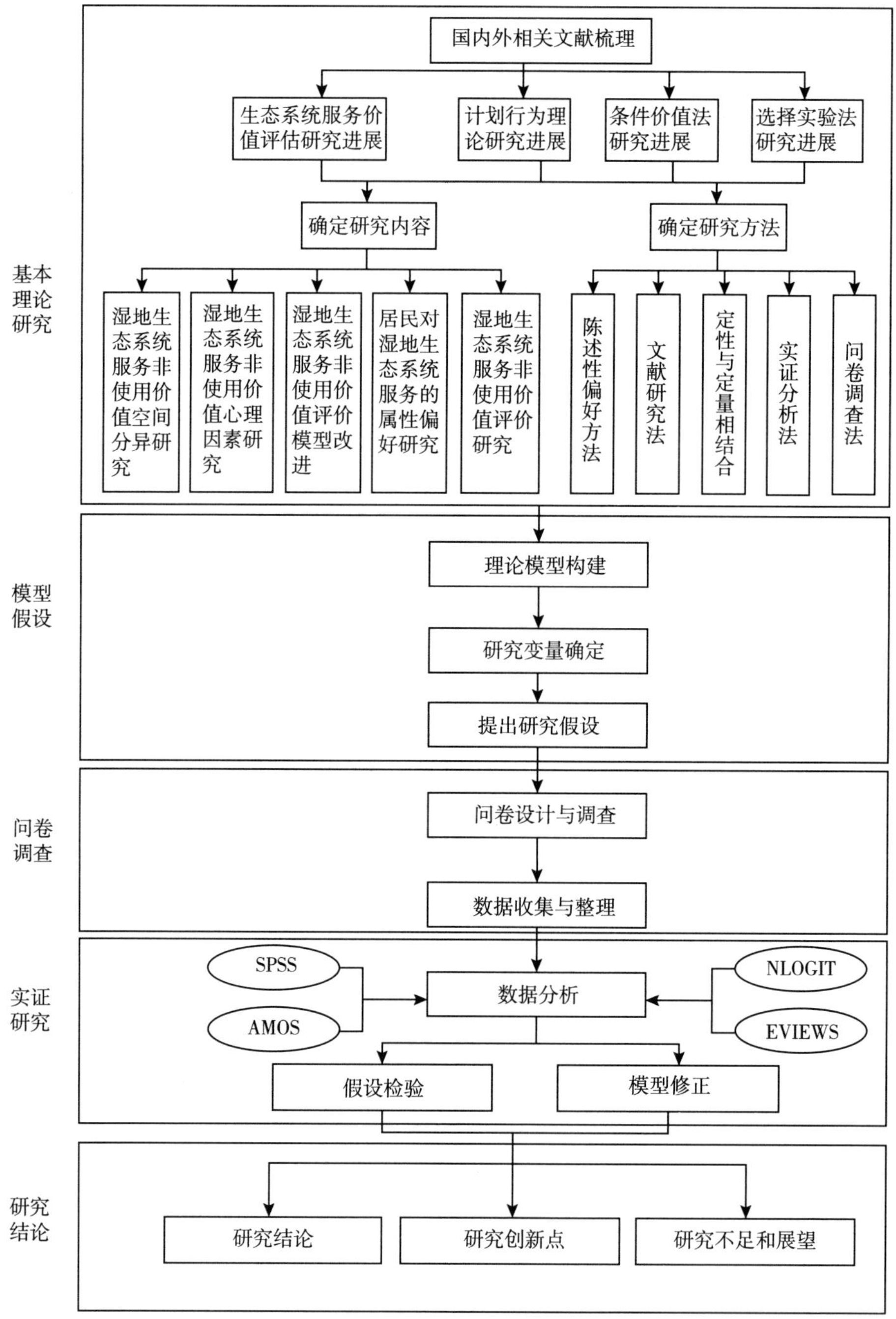
基本
理论
研究
国内外相关文献梳理
生态系统服务价值评估研究进展
计划行为理论研究进展
条件价值法研究进展
选择实验法研究进展
确定研究内容
确定研究方法
湿地生态系统服务非使用价值空间分异研究
湿地生态系统服务非使用价值心理因素研究
湿地生态系统服务非使用价值评价模型改进
居民对湿地生态系统服务的属性偏好研究
湿地生态系统服务非使用价值评价研究
陈述性偏好方法
文献研究法
定性与定量相结合
实证分析法
问卷调查法
模型
假设
理论模型构建
研究变量确定
提出研究假设
问卷
调查
问卷设计与调查
数据收集与整理
实证
研究
SPSS
AMOS
数据分析
NLOGIT
EVIEWS
假设检验
模型修正
研究
结论
研究结论
研究创新点
研究不足和展望

图 1-1　技术路线图

1.5 历次调查及要解决的问题

1.5.1 调查区域及样本的选取

1.5.1.1 调查区域概况

本书选取三江平原湿地生态系统服务作为研究对象。三江平原由松花江、黑龙江以及乌苏里江汇流冲积而成，位于我国东北角，是我国最大的淡水沼泽分布区。三江平原湿地属低冲积平原沼泽湿地，地势平坦，河流交错，湿地景观丰富多彩，具有丰富的生物多样性，素有"北大荒"之称。2002年三江平原被世界湿地公约组织列入国际重要湿地名录。全区土地总面积达102400平方米，包括22个县（市）及其中的52个国营农场和8个森工局，沼泽湿地广布，有洪河自然保护区、三江自然保护区、兴凯湖国际级自然保护区等6个国家级自然保护区，在维持生物多样性、物种基因库，调节区域生态环境及气候等方面起到重要的作用，具有重要的生态价值和经济价值。

1.5.1.2 样本的选取

样本的选取通常是通过抽样来完成，所谓抽样就是从研究总体中选取一部分代表性样本的方法。本书要研究的是湿地生态系统服务支付意愿问题，那么所有享受湿地生态系统服务的居民都将是研究对象。但由于研究条件和研究经费等限制，很难实现对每一个居民进行调查研究，故而只能采用一定的方法选取其中有代表性的部分居民作为调查研究的对象，通过对这部分有代表性的样本的分析来推论总体情况,从而完成对总体样本的研究,既可以缩短调查时间,也可以节省调查的成本。抽样调查是调查研究中最常用的方法之一,已被广泛应用到社会调查、市场调查和舆论调查等多个领域。

本书根据研究对象的特点和研究目的,在尽量避免抽样误差和确保抽样效果的前提下,抽样方法选取所有抽样技术中花费代价最小的偶遇抽样(Accidental Sampling)。偶遇抽样也叫任意抽样(Convenience Sampling),即调查者根据所开展的研究的实际情况,随意性地从总体中抽取可以接近的并且容易测量的样本作为研究对象,如在街头任选若干行人作为研究对象,该方法便于组织实施,受访者容易配合工作,而且样本数据也可以较好地反映总体样本的特征,可以大大节省调查者的花费成本,节省了人力和时间。

在抽样设计中确定样本数量对研究结果至关重要,如何科学地确定样本数量是任何抽样调查的一个基本前提,如果样本量太大,会给调查者带来成本压力,也会影响调查结果的精确度和时效性;反之,如果样本量太小,样本就不具备代表总体样本的能力,会加大调查结果的偏差,导致调研工作失效。确定随机样本量的基本公式为

$$n = \frac{Z^2 \sigma^2}{d^2} \qquad (1-1)$$

其中,Z 为置信区间,如 95% 置信水平的 Z 统计量为 1.96;n 为所需要的样本容量;d 为抽样容许的误差范围;σ 为标准差,一般取 0.5。

实际调研过程中,样本数量除了要满足抽样方法的需要和统计学的要求外,还取决于研究目的、研究对象以及研究经费等多方面因素。

1.5.2 历次调查情况

结合研究区域概况、样本选取原则、研究目的、研究对象以及研究经费等问题,本书调查访问从 2011 年 2 月到 2014 年 8 月,历时近 4 年的时间,

调查小组共制作了两份问卷,开展了6次调查,共收集约1500份调查问卷。

第一阶段为2011年2月~6月,期间一共完成3次调查,问卷采用双边界二分式条件价值法为支付意愿诱导技术,其中约50份网上调查,50份小范围预调查,2011年6月为正式调查,发放正式问卷1000份,三次调查内容基本相同,正式调查问卷仅是在网上调查和预调查反馈的信息基础上做了语言文字上的修改,调查小组人员构成相似,都是由团队成员和在校大学生构成,不同的是,预调查是在小范围内进行,基本受访的对象只选择了哈尔滨当地居民和游客,正式调查的受访对象分布区域扩大,遍布了整个三江平原湿地所涵盖的区域。这次调查的主要研究问题是支付意愿、空间距离之间的关系,以及空间距离对支付意愿产生影响的内在机理。

第二阶段为2014年7月~8月,期间共完成2次调查,共发放约550份调查问卷,其中50份为预调查问卷,500份为正式调查问卷,与第一阶段调查不同的是,这次问卷选用选择实验法设计为支付意愿的诱导技术,并且加入了影响支付意愿的社会心理因素部分。研究的主要目的是验证个体社会心理因素对支付意愿的影响,揭示消费者在湿地生态系统服务属性之间的权衡意愿以及湿地生态系统服务非使用价值的评价。

2 相关理论基础

生态系统的服务价值评价有定性评价和定量评价。对湿地生态系统服务价值进行评价时，定性评价是指对湿地的环境品质、湿地生态系统的功能、湿地的开发利用情况、湿地生态系统现状、湿地自然资源的保护方式和管理模式以及在这过程中存在的问题等方面进行概括性描述，并提出解决问题的措施和途径；定量评价则主要是通过建立评估指标体系或模型，对湿地生态系统服务功能及效益（包括生态、水文、社会等方面）、湿地生态系统健康（包括生态环境品质和脆弱度）等进行定量化分析。本书采用定性和定量相结合的评价方法，在对湿地生态系统服务特征和非使用价值进行定性分析的基础上，对湿地生态系统服务非使用价值进行定量评价，相关理论基础如下：

2.1 消费者选择理论

在经济学领域，消费者（Consumer）是对经济服务或商品做出相同消费决策的个人或组织，通常也称为居民户。消费者在一个国家的经济体系中发挥着重要的作用。没有消费者的需求，生产者将缺乏生产的主要动机——向消费者销售。消费者也形成了分销链的一部分。消费者行为是对商品或者服务进行购买的整个过程，包含选择、获取和使用等各种决策行为。对消费者行为的研究通常排除了非理性消费，即消费者在对产品或者服务进行购买时都是理性的，其最基本的假定是市场中的消费者都是本着追求效用最大化的需求进行理性消费。经济学领域中最基本的两个理论就是需求理论和供给理论[105]。要想很好地进行消费者选择行为的实证研究，必须充分理解需求理论和供给理论。因此，要研究消费者行为理论，就必须要研究供给理论和需求理论。

2.1.1 需求与供给

（1）需求。需求（Demand），一般表示为 D，是在一段时间内以不同的价格购买多少商品和服务。需求是消费者对产品或服务体验的需求或欲望。消费者的意愿和能力是以支付的价格体现的。影响个人需求的因素各种各样，有的属于经济因素，有的属于非经济因素，比如商品本身的价格 P_x、其他相关商品的价格 P_i 和消费者个人的资产与收入水平 M，又如商品价格 P_x、个人资产与收入 M、个人偏好 h 以及消费者对未来的预期 P_e 等。另外，人口数量以及结构的变动和政府的消费政策，也都会影响消费者需求。假定用需求函数表示消费者对某一商品的需求，则个人需求函数可以表示为

$$q_x^d = f(P_x, P_i, P_e, M, h) \quad (2-1)$$

其中，q_x^d 为消费者对 x 商品的需求；P_x 为 x 商品的价格；P_i（i=1，2，…，n）为与 x 商品有关的第 i 种商品的价格；P_e 为消费者对未来价格的预期；M 为消费者的收入；h 为消费者的偏好。

在经济学中，通常只研究比较简单的一元需求函数，一种是讨论商品的需求量和商品价格之间的关系，另一种是研究商品的需求量和消费者收入之间的关系。在某一特定时间内需求量和价格之间的关系可以用需求函数、需求表或需求曲线来表示。

如果用横轴代表商品的数量,纵轴表示商品价格,则可得到商品价格和需求量之间的关系的一条曲线,也就是需求曲线,如图2-1中的D曲线所示。

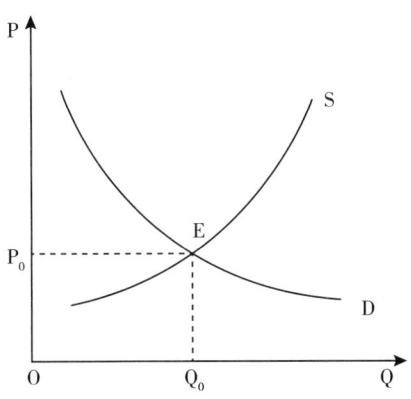

图2-1 需求曲线与供给曲线

在经济学中,需求曲线是描述某种商品的价格与消费者愿意和能够在任何给定价格购买的数量之间的关系的一条自然往右下方倾斜的曲线。这说明,消费者对商品或服务的需求量和商品或服务的价格成反比,也就是说,当商品或服务的价格越高,其需求量会下降,反之上升,这就是所谓的需求法则。因商品的价格变化引起的对商品需求的变化,称为需求量的变动;因除了商品价格以外的因素变化导致的商品需求的变动,即为需求的变动。

个人需求是一个人或一个单位的需求。它代表了单个消费者在某一特定时间点以某一特定价格点购买的商品数量。市场需求是消费者对市场上产品的个人需求的总和。如果更多的消费者进入市场并且有能力支付出售的商品,那么在每一个价格水平市场需求将会上升。因此,个人需求合在一起便构成市场需求,也就是说,如果将进入市场的所有个人的需求曲线水平相加,便可以得到市场需求曲线。因此,市场需求除了受那些可以影响个人需求因素的影响，还受进入市场的消费者的数量影响。

（2）供给。供给（Supply），一般表示为 S。是指生产者在一个销售价格与一个特定时期内，为进入市场的消费者愿意并且能够提供的商品或服务的数量。决定供给的因素有很多，如：①价格 P_x：生产者将试图获得尽可能高的价格，而买方则试图支付尽可能低的价格，这两个价格都是在均衡的价格上解决，而供给的价格等于需求。②投入成本 c：投入价格越低，价格水平上的利润越高，价格越高的产品越多。③其他商品的价格 P_i：竞争商品的低价会降低价格，供应商可能会转向更有利可图的产品，从而减少供应。另外，生产者对未来商品的预期以及生产者本身的生产技术水平也会影响供给。单个生产者的供给函数可以表示为

$$q_x^s = f(P_x, P_i, P_e, c, \rho) \tag{2-2}$$

其中，q_x^s 为生产者对 x 商品的供给；P_x 为 x 商品的价格；P_i（i=1, 2, …, n）为与 x 商品有关的第 i 种商品的价格；P_e 为生产者对未来价格的预期；c 为生产要素的成本；ρ 为生产者的技术水平。

为了简化问题，假定除了商品价格以外其他影响因素不变，得到一元供给函数。在某一特定时间内供给量和价格之间的关系可以用供给函数、供给表或供给曲线来表示。如果用横轴代表商品的数量，纵轴代表商品的价格，则可得到商品的价格和供给量之间的关系的一条曲线，也就是供给曲线，如图 2-1 的 S 曲线所示。

因商品的价格变化引起的商品供给的变化，称为供给量的变动；因除了商品价格以外的因素变化导致的商品供给的变动，即为供给的变动。一个人或一个单位对某种商品或服务在一定时间内的供给称为个别供给。它代表了单个生产者在某一特定时间点在某一特定价格点为市场消费者供给的商品或服务的数量。市场供给是生产者在市场上产品或服务的个人供给的总和。因此，个别供给合在一起便构成市场供给，也就是说，如果将进入市场的所有生产者的供给曲线水平相加，便可以得到市场供给曲线，市场供给除了受那

些可以影响个别供给因素的影响，还受生产者竞争力以及生产者数量的影响。

市场中，当进入市场的消费者愿意购买的商品或者服务的数量正好等于生产者愿意生产并出售的数量时，即达到市场均衡。具体表现如图2-1中的D曲线和S曲线的交点E所示。此时的商品数量Q_0称为均衡数量，商品价格P_0称为均衡价格，E称为均衡点。当市场供给和市场需求在某一个时刻达到平衡，供给曲线或者需求曲线中任何一个点的变化都会引起均衡点的移动，这时，市场又会通过价格来调节市场，使市场均衡点重新出现。该价格被称为均衡价格，商品的价格是由市场供求关系决定的，代表了生产者和消费者之间的良好协议。

（3）供需理论与环境物品。环境物品属于公共商品，即环境物品的使用者都是免费消费者，从环境物品的供给方来看，政府是唯一的供给方，永远无法产生私人盈利，因为无论生产成本是多少，谁也无法阻止消费者的使用。政府该如何来决定环境物品的提供？经济学家认为，政府应该尽可能地为环境物品建立一个市场，同时为环境物品制定价格，在一个有竞争力的市场中，人们通常会根据价格决定他们是否要购买环境物品或服务。如果人们能够感受到从环境物品中获得的利益超过其价格时，就会产生购买行为。

2.1.2 效用理论

消费者偏好，是研究消费者（个人、团体或组织）为满足其需求对意愿要消费的商品的选择、保护、使用以及使用产品的经验或想法等的过程。通常讨论消费者偏好需要有以下三个假设：

（1）完备性假设。完备性假设是指当消费者面对任何一个商品或者商品组合时，都可以很理性地做出自己的喜好排序。

（2）传递性假设。传递性假设是指当消费者面对三个商品或者商品组合时,如果消费者对第一个商品的喜好要高于第二个商品,而对第二个商品的喜好又高于第三个商品,那么认为消费者对第一个商品的喜好要高于第三个商品。

(3)反身性假设。反身性假设是指当消费者面对任何一个商品或者商品组合时,都会认为该商品和商品组合至少不会比本身差。

在经济学中,效用是消费者对某些商品或者服务(满足人类需求的东西)的偏好的量度;它代表了消费者对一种商品的满意程度[106]。这个概念比较抽象,经济学和博弈论中的理性选择理论是效用概念的重要理论基础。商品的效用是无法直接测量出来的,经济学家只能通过人们从一个商品或者服务获得的满意度和幸福感来测量商品的效度,简单地讲,经济学家认为效用是在人们愿意为不同商品支付不同数额的意愿中显现出来的。

(1)基数效用理论和消费者剩余。总效用(Total Utility)是指消费者从一个给定的商品(服务)或商品(服务)的总数量中获得的总满意度。假定 x 代表消费者消费的商品(服务)组合,则可以得到如下效用函数:

$$U = U(x) \quad (2-3)$$

边际效用(Marginal Utility)是消费者通过增加消费一个单位的商品(服务)而获得的总满意度的变化量。假定总效用函数是连续的并且是可导的,那么对总效用函数进行求导,即可获得边际效用函数:

$$MU = dU/dx = U'(x) \quad (2-4)$$

如果总效用函数不连续并且也不可导,边际效用函数为

$$MU = \Delta U/\Delta x \quad (2-5)$$

假定消费者其他条件保持不变,当一个商品或服务被消费越多时,下一个单位该商品或服务对消费者产生的边际效用就会减少。即消费者从某一个商品或服务中获得的满足感会随着不断消费该商品或服务而减少,这就是边际效用递减原理。

假定在一个商品或服务的市场价格稳定,消费者的收入水平也保持不变

的情况下，当消费者购买该商品或服务获得的满足感达到最高状态时，消费者就会停止购买该商品，这就是消费者均衡（Consumer Equilibrium）。因此所谓效用最大化法则就是指任意一个理性消费者购买一个商品或服务的前提是，总是希望自己购买的商品或服务实现效用最大化。可用以下公式表示：

$$MU_1/P_1 = MU_2/P_2 = \cdots MU_n/P_n \tag{2-6}$$

商品或者服务的边际效用用 MU_i（$i=1,2,\cdots,n$）代表，商品或者服务的价格用 P_i 表示。

效用理论认为，假定消费者的消费决策是受消费者本身的收入所约束的，面对所有商品组合，一个理性的人总是会选择具有最高效用的商品或服务。消费者的决策函数为

$$\max(U) = U(q) \quad \text{subject to} \quad \sum_i p_i q_i = M \tag{2-7}$$

效用最大化问题的解，即为该消费者的个人效用函数：

$$q_i = q_i(P, M) \tag{2-8}$$

这里的 P 表示商品的价格，是一个向量。把 q_i 代入效用函数中，能够得到一个价格和收入的效用函数，称为间接效用函数：

$$U = V(P, M) \tag{2-9}$$

间接效用函数是表示价格和收入对效用的影响的函数。

在经济学中，消费者从某一个商品或服务中获得的满足（效用）不一定和他为此付出的代价相等，换句话说，消费者愿意为一个好的商品或服务付出的代价可能会远远超过其购买的价格，这两个价格的差额称为消费者剩余（Consumer's Surplus）。消费者剩余是边际效用递减规律的直接结果。如图2-2所示，D 是该消费者的需求曲线。当市场均衡价格为 P_0，消费者购买量为 Q_0 时，消费者实际支付金额为四边形 OP_0EQ_0 的面积，消费者愿意支付的金额是 $OAEQ_0$ 的面积，那么曲边三角形 P_0AE 的面积就表示消费者剩余。

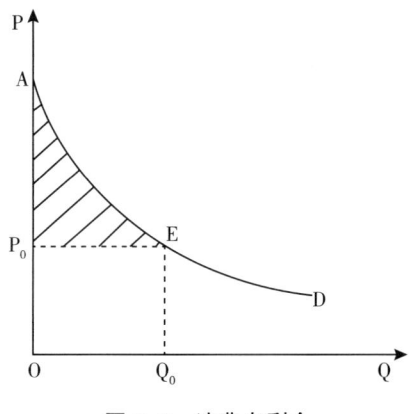

图 2-2 消费者剩余

消费者剩余可以表示为

$$R(Q_0) = \int_0^{Q_0} D(q)\,dq - P_0 Q_0 \qquad (2-10)$$

消费者剩余也可以通过心理学来解释,当人们面对的某一个商品或服务的价格越低时,消费者就越倾向购买,随着购买数量的增多,消费者越会感觉到商品的优惠,这时就会产生消费者剩余,消费者剩余越大,消费者从商品或服务中感受到的效用就越大,这说明,消费者剩余的产生和消费者所购买的商品或服务的价格以及购买的数量都是相关的。经济学家经常把消费者剩余当成一个重要概念应用于公共政策的分析中。

(2)序数效用理论和无差异曲线。在经济学中,序数效用函数是表示序数上的代理偏好的函数。序数效用理论认为,在消费者购买一个商品或服务时,问哪个选项比另一个更好,这是很有意义的,但问有多好是没有意义的。在确定性条件下,消费者决策的所有理论都可以用序数效用来表达。因此效用不是一个绝对值,只能通过消费者对商品或服务的排序来表现。

无差异曲线(Indifference Curve)将图上的点表示为两种商品的不同数量,而在消费者之间则无所谓。也就是说,消费者对同一曲线上不同组合的一组商品或服务没有偏好。也可以参考无差异曲线上的每个点,使消费者达到相同的效用（满意程度）。换言之，无差异曲线是通过不同点的轨迹来显示两种商品的不同组合，为消费者提供同等效用，如图2-3所示。

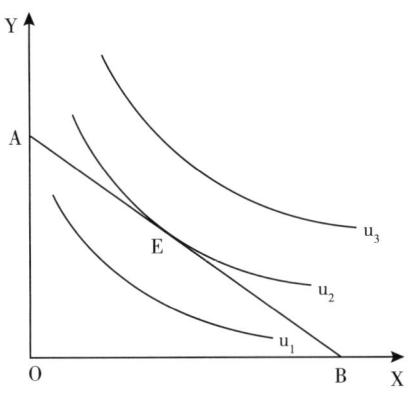

图2-3 无差异曲线与预算线

假定消费两种商品 X 和 Y，不同效用水平下的无差异曲线为 u_1、u_2 和 u_3。无差异曲线是序数效用理论的基础，具有以下特点：

①无差异往右下方倾斜。这表明消费者在进行商品或服务的消费时，如果消费者在其特定收入范围内按当前价格购买，要想获得相同的满足感，那么只要多消费一种商品或服务就必然要少消费另外一种商品或服务。

②无差异曲线是不能相交的且必须凸向原点。

③表示效用水平最高的无差异曲线一定是最靠外的那条。

④无差异曲线的本质特征是不同的商品或服务的组合可以产生相同的效用水平。

预算线（Budget Line）是描述消费者在其特定收入范围内按当前价格购买的所有商品和服务的组合，又称消费可能线或者支出线。消费者理论使用预算约束的概念来分析消费者的选择。假定消费者可用于购买商品 X、Y 的全部收入为 M，商品 X 的价格为 P_x，商品 Y 的价格为 P_y，则预算线可

以表示为

$$P_x \cdot x + P_y \cdot y = M \qquad (2-11)$$

如图 2-3 中 AB 所示。预算线通常表现为某一条无差异曲线的切线，而切点即为消费者均衡点，如图 2-3 中的 E 点，当然，这些都是基于商品的价格不变以及消费者收入固定的基础上的。序数效用理论中的消费者均衡的必要条件也是边际效用之比等于价格之比，即

$$MU_1/P_1 = MU_2/P_2 = \cdots = MU_n/P_n \qquad (2-12)$$

2.2 福利度量工具

通过介绍消费者剩余发现，消费者剩余是一种福利变化的古典度量方式[107]，通常条件下的度量结果只能是粗略的，无法对福利进行准确度量。然而经济学家对于环境物品的福利度量并不满足于此，希克斯（Hicks）提出的几种价格变化时的福利度量工具可解决此类问题[108]，并且成为陈述性偏好法的理论基础和来源。

2.2.1 补偿变差与补偿剩余

补偿变差（Compensation Variation, CV）是指在商品或服务的价格发生变动的情况下，为保持价格变动前消费者的福利水平而需要给予消费者的补偿，或者从消费者手中拿走货币量。比如，当商品或服务的价格上升时，消费者所获得的效用水平就会降低，如果要想保持消费者的效用水平不变，就必须给予消费者一定的货币补偿；反之，当商品或服务的价格下降时，消费者的效用水平就会增加，若想要保持消费者的效用水平不变，就必须从消费

者那里拿走多出的货币量。如图2-4所示。

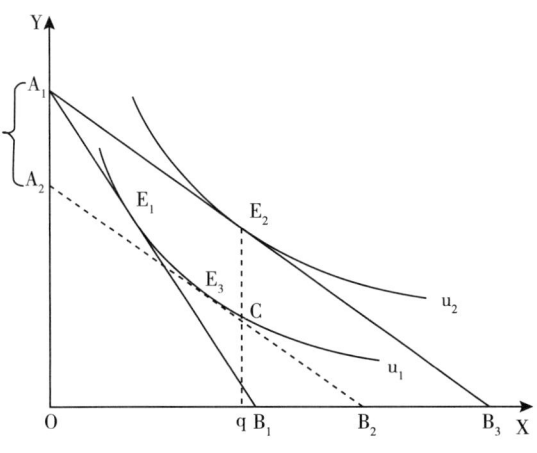

图 2-4 补偿变动与补偿剩余

图 2-4 是某消费者的无差异曲线。图中横轴表示商品 X，纵轴表示商品 Y，假定商品 Y 的价格为法定价格，A_1B_1 表示初始支出线。当商品 X 价格下降时，由于收入固定，预算线从 A_1B_1 往外扩张，挪至 A_1B_3，消费者均衡点由 E_1 变为 E_2。由图中可以看出，假设商品价格下降前的效用为 u_1，价格下降后的效用为 u_2，很明显 $u_2 > u_1$，说明消费者从商品 X 中获得的效用因为该商品的价格下降而增加。这时要想使消费者从商品 X 中获得的效用维持在 u_1 水平，可以平行于 A_1B_3 作一条支出线 A_2B_2，并且与 u_1 相切于 E_3。E_3 即为新的均衡点，表示在该点消费者的效用水平和价格下降前保持一致。此时支出线 A_1B_3 到 A_2B_2 的变化是要维持消费者效用不变给予的补偿内容。A_1A_2 称为补偿变差。补偿变差可以用间接效用函数表示为

$$V(P_0, M) = V(P_1, M-CV) = U_1 \quad (2-13)$$

该公式表示，当价格由 P_0 变为 P_1（下降），消费者为了能够维持原有效用水平 U_1 而愿意从其固定收入 M 中拿出支付意愿 CV。在实际的研究中，如果可以获得消费者的效用函数，则补偿变差可以直接计算出来。

补偿剩余（Compensating Surplus，CS）是指假定消费者对商品的购买数量一定，当商品的价格发生变化，消费者从商品中获得的效用也会发生变化，若要维持消费者的效用水平不变，则必须给予消费者一定的货币补偿或者让消费者多付出相应的货币量。如图2-4所示，q为消费者对商品X的购买数量，E_2为均衡点。依据补偿剩余的概念，固定q不变的情况下，若要维持消费者原有效用水平u_1，过E_2点并相交横轴垂直方向作一条直线交点C，C点的购买量与E_2相同，效用为u_1。此时，补偿剩余可以用CE_2表示。

2.2.2 等效变差与等价剩余

等效变差（Equivalent Variation，EV）是指在价格变化之前，通过改变消费者的收入而不是商品价格的方式，使消费者福利水平变化数量达到改变价格后所导致的福利水平变化数量。即消费者为了保持价格不变但又要达到价格变化带来的福利改变而愿意付出的代价或接受的补偿。如图2-5所示。

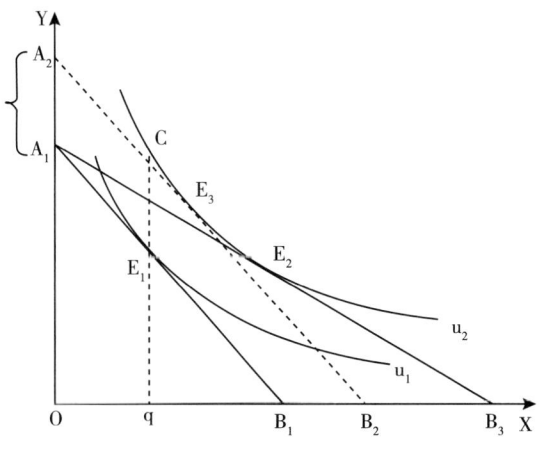

图2-5　等效变差与等价剩余

图 2-5 是某消费者的无差异曲线。图中横轴表示商品 X，纵轴表示商品 Y，假定商品 X 的价格为法定价格。A_1B_1 表示初始支出线。依据等效变差的概念，假定商品 X 的价格固定，通过改变收入使得消费者的效用由 u_1 变为 u_2。作 A_1B_1 的平行线 A_2B_2，使其与 u_2 相切，切点为 E_3。E_3 与 E_2 处于同一条无差异曲线上，效用相同。预算线 A_1B_1 到 A_2B_2 的变化就是消费者收入增加 A_1A_2 时的变化，而这一部分就是给予消费者的补贴。A_1A_2 就是等效变差。等效变差用间接效用函数的形式可以表示为

$$V(P_1,M)= V(P_0,M+EV)= U_2 \qquad (2-14)$$

该公式说明，如果保持原始商品价格 P_0 不变，使消费者效用可以增加到 U_2，是可以通过在消费者原有收入 M 的基础上给予一部分补偿 EV 来实现的。等效变差仍然可以通过消费者效用函数求得。

等价剩余（Equivalent Surplus, ES）是指如果价格发生变化后消费者利用现有价格购买与价格变化之前一样的商品数量，消费者从商品获得的福利必然会发生变化，若要消费者按照原有价格购买原有商品数量，但是效用要达到价格变化后的效用水平，必须对消费者做出相应的补偿或者支付。比如，若在价格上升、数量一样的情况下，效用会降低，若要用原来的价格购买一样的商品也使效用降低到价格改变后的水平，就必须要求消费者付出一定的代价；反之，价格下降，效用会增加，若消费者用原来的价格购买一样的商品数量达到价格下降后的效用，那就必须对消费者补偿一定的货币量。

如图 2-5 所示，q 代表购买商品 X 的数量，依据等价剩余的概念，若想消费者福利维持在 u_2 水平并且固定 q 的值。过 E_1 点作横轴的垂线交 u_2 于点 C，C 点满足等价剩余的要求，则 CE_1 的长度表示等价剩余。

2.3 自然资源价值理论

生态伦理学领域的学者认为，人类对于自身与大自然之间的关系持有两种不同的观点，一种是以人类为绝对中心的"人类中心主义"，另一种是拒绝以人类为中心的"非人类中心主义"。持有人类中心主义论的人一般认为大自然存在的一切都是为了人类的生存和发展需要。也就是说，大自然就是为人类生存服务的，其本身不具有价值。非人类中心主义论者的观点却完全相反，他们认为目前生态环境的恶化和各种生物面临灭绝的主要原因就是人类只知道利用自然资源而忽视大自然的内在价值。因此，持有非人类中心主义论的学者承认大自然以及各种生物和人类是平等的，其本身都具有价值。于是，环境资源经济学者尝试以效用理论为基础，将环境资源的价值进行货币化，其目的是为了通过货币价值的估算，可以实现自然资源为人类社会提供最大福利。显然，这也应该被纳入到人类中心主义，但与传统人类中心主义不同的是，资源环境经济学家并未只考虑自然资源提供给人类的服务价值，他们对自然资源存在的多样性价值也给予了认可，因此，严格来讲，他们又不属于人类中心主义，可将其视为介于人类中心主义和非人类中心主义的一种新的观点。

有关自然资源价值的研究一直是经济学专家比较关注的问题，在以往的环境经济学研究领域，环境经济学家对于自然环境资源的价值的评估都是以人类为出发点来考虑其社会价值，只关注环境物品究竟能够为人们带来多少经济效益和福利，而对自然资源物品本身的存在价值缺乏探讨和研究，在这种思维模式的影响下，人们认为大自然给予的自然资源是没有价值可言的，仅是为人类服务的，可以无限制地尽情享用且无需付出任何的代价，这样便严重影响了大自然的生态平衡，导致环境污染日益严重。

生态经济学是一种新型的、跨学科的学术研究领域，旨在解决在时间和空间上相互依存的人类经济和自然生态系统的进化。有别于传统经济学，它对环境进行主流经济分析，把经济当作生态系统的一个子系统，强调保护自然资本。德国经济学家的一项调查发现，生态经济学和环境经济学是不同的经济思想流派，生态经济学家强调自然环境资源的可持续性，反对自然资本可以被人为资本所取代的观点。

根据自然资源在商品市场存在的形式不同可以分为"自由商品"和"私有商品"，自由商品即免费商品，一般表现为公共财产，消费者不需要付出任何成本或代价就可以获得该商品为其带来的效用，自由商品一般具有无敌对性和排他性的特征，比如山川、河流、大海、空气和水资源等自然资源都属于自由商品的范畴。在自由商品市场，市场交易机制失灵，对其不起作用。私有商品具有排他性，人们需要付出代价才可以获得该商品的使用权限并享受该商品带来的效用，也因此任何人都无权再享用该商品，其价值表现为商品市场的价格，也就是人们所需要付出的代价，该价格完全由市场机制调控，如生产原料等。

依据人们从自然环境资源获得的不同的价值类型，世界银行发布的《环境资源评价手册》将自然环境资源的价值归纳为"使用价值"和"非使用价值"两大类，其中，使用价值是人们通过实际使用或者消费的自然环境商品或服务而获得的经济效益，这是作为商品最重要的共同属性之一。非使用价值也称为内在价值，是自然环境商品或服务本身存在的价值，不因任何其他事物发生改变，即使人类永远不会消费或者使用它，它也是客观存在的价值。使用价值又可分为直接使用价值（Direct Use Value，DUV）和间接使用价值（Indirect Use Value，IUV）；而非使用价值即所谓的保育价值（Conservation Value，CV），包括选择价值（Option Value，OV）、存在价值（Existence Value，EV）和遗赠价值（Bequest Value，BV）。《环境资源评价手册》对自然环境物品价值评估的主要原则：为辅助决策分析的需要，尽量将环境物品成本和效益进行量化分析，并在尽可能的情况下赋予经济价值。该手册建议用合适的经济评估手段对自然环境物品的价值进行评价，最后建议通过总经济价值（Total Economic Value，TEV）获得自然环境物品的总效益。即把可量化、可货币化的部分分类评估价值，而对无法量化与价值评估的成本效益项目，仍然定性描述其环境影响，最后予以加总，以辅助决策分析。因部分无法定量的服务功能，有可能造成环境成本效率低估；而高度交互作用的环境影响，则容易形成重复计算，造成环境成本效益的高估，这些情况应该尽量避免。

2.4 湿地生态系统服务价值的内涵及构成

2.4.1 湿地的概念

湿地是地球上最具生产力的生态系统之一，为人类提供多种重要的生态功能和服务，如洪水流量控制、地下水的补给和排泄、水质维护，为生物物种提供栖息地、维持生物多样性、碳封存以及其他生命支持功能。这些生态职能和服务直接转化为经济职能和服务，如防洪、供水、改善水质、商业和娱乐性捕鱼和狩猎以及减缓全球气候变化。为人们提供了广泛的经济、社会、环境和文化效益。对于湿地的定义，各国研究学者却持有不同的观点。以往，国内所称的湿地，多偏重在鸟类群聚的河口或长有红树林的滩地，观念甚为狭隘。因此，有关湿地的概念，争论从未停止。迄今有关湿地的定义，已不少于50种。其中，意义最广且普遍为学者们所接受的，当属《关

2 相关理论基础

于特别是作为水禽栖息地的国际重要湿地公约》（以下简称《国际湿地公约》）的界定。《国际湿地公约》所界定的湿地概念：无论是自然的或人为的，永久的或暂时的，静止或流水，抑或淡水，半咸水或咸水，只要是草泽、林泽、泥炭地及水域都属于湿地范围，包括退潮时水深不及六公尺的海域。依据上述定义，不论是在内陆还是在海岸，全年或者一段时间或间歇性被水淹没的地区，都称为湿地。依据《国际湿地公约》，湿地是多样性的，比如河口是湿地中最为常见的一种类型，它是一个部分封闭的近海水域，由一条或多条河流或小溪流入其中，并与公海自由连接。河口形成河流环境与海洋环境之间的过渡地带。它们既受海洋影响，如潮汐、海浪和盐水的涌入，也受到河流的影响，如淡水和沉积物的流动。海水和淡水的流入为沉积物提供了丰富的营养，使河口成为世界上最具生产力的自然栖息地。通常根据河口的地貌特征和水循环模式分类。它们可以有许多不同的名称，如海湾、港口、泻湖、红树林等。在温带地区，河口的主要特征是以潮间泥滩等为主；但在亚热带或热带，河口的特征却又表现为以红树林为主。除此之外，湿地还有洪水平原与三角洲、淡水草泽和湖泊，泥煤地、林泽以及人工湿地等多种类型。不仅为人类提供放牧和农作的土地，其丰富的生产力也成为很多地区社会经济的命脉，同时也促进水鸟与野生动物的高度群聚。

通过以上分析，湿地为人类提供丰富的服务功能，是具有多样性的重要的生态系统，具有多方面的功能。湿地的保护，在国际间深受重视，在我国也日渐受到关注，然而，我国湿地的保护与管理工作，仍然在起步的阶段，需要更多的关注与研究的投入。目前我国在行政管理制度上，对湿地的定义不明，范围不易划定，使得湿地的保护与管理工作有太多的困难。在法律法规定位不明的情况下，挽救湿地生态系统，目前只能以传统的概念和偏狭不全的法规与开发行为对抗，因此湿地的退化与消失也就无比迅速。毫无疑问，湿地的保护必须要有更多的投入，集思广益，群策群力。尤其，有关湿地的宣传和教育最为根本和重要。

2.4.2 湿地生态系统服务功能和价值

生态系统服务有个人财产和公共财产两方面的性质。例如，木材是私人财产，而森林的所有者拥有明确的所有权。由于利用这种利益会一元化地还原给利用者个人，木材在市场上成为交易对象，被赋予了金钱的价值。森林的碳固定功能是公共财产，而森林所有者不可以拒绝为他人提供便利，也不能在受益者之间争夺其利用量的优势。在这种情况下，通常的市场中由于没有交易对象而不能被给予金钱的价值，所以在经济上森林的碳固定功能又被认为是"无价值"的倾向。但是，作为公共财产的生态系统服务确实会给人类带来经济影响。例如，森林砍伐造成的碳固定功能降低会导致地区气候的不稳定性，提高气候变化和自然灾害带来的经济损失风险。如果因过度的取水和污染处理湿地所拥有的水质净化机能，那么人们会因为周边居民的疾病的扩大、医疗费用的增加和渔民的减少导致失业的增加而担心。这样看来，作为公共财产的湿地生态系统服务的确存在无法在经济市场直接体现的非使用价值，如何定量评价这些价值具有一定的意义。

生态系统服务概念的提出是为了将自然和社会科学联系起来，并将生态系统功能和结构定义为有益的生态系统。有别于新古典经济，生态经济学把生态系统视为有助于经济生产的自然资本，因此生态系统服务的概念逐步被应用于生态经济学文献中。近年来随着工业及科技的快速发展，人口大量增加，因此对自然资源的需求与利用也相对地随之提高，导致长久以来稳定生态环境与维护生物多样性的湿地面临开发利用与保育之间的冲突，若能将湿地生态系统的服务价值进行货币化，可以实现将生态结构和过程转化为对人类有价值的生态系统商品和服务，必然可以凸显其经济效益，以及对其永续利用的实效性与重要性。因此，评估湿地生态系统服务的价值需要将湿地生态或功能与湿地经济和价值联系起来。湿地生态系统服务价值的构成和组件如图 2-6 所示。

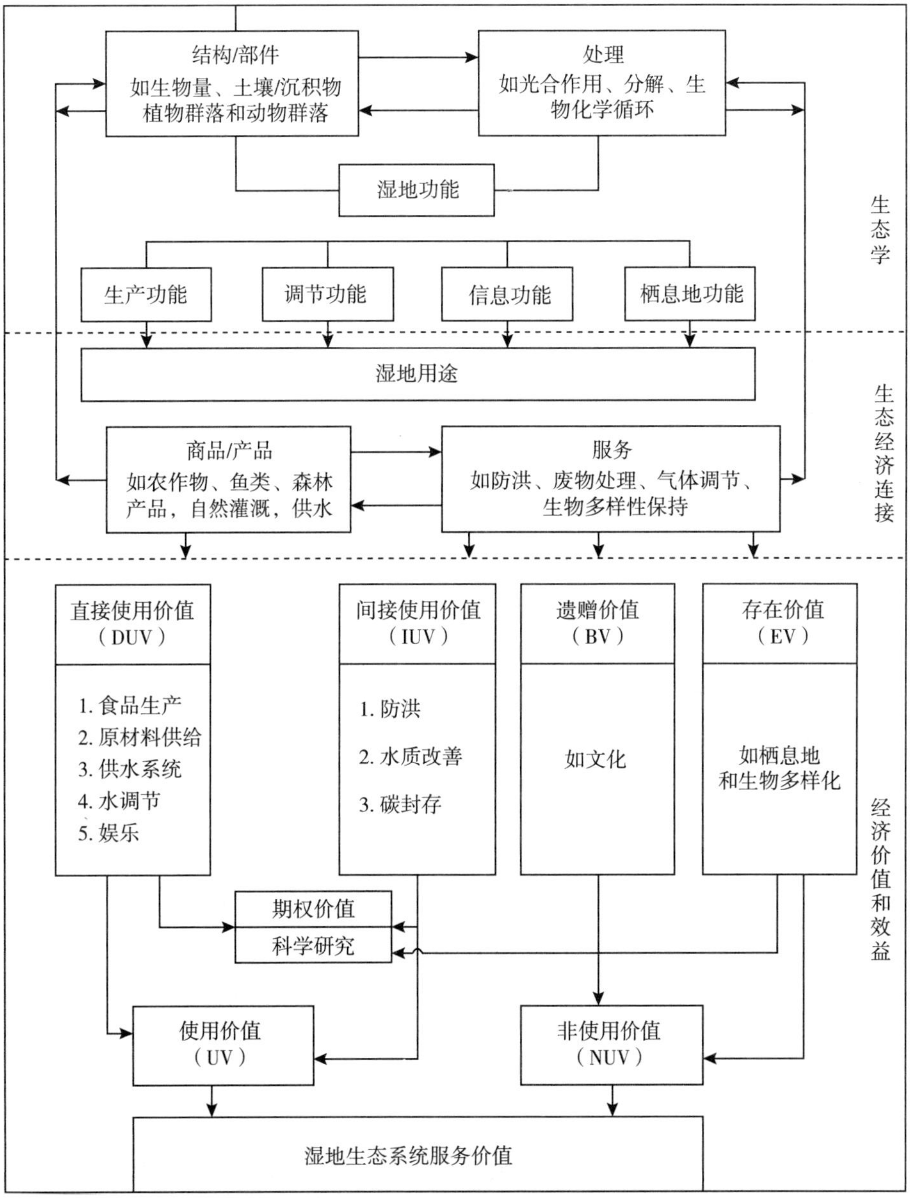

图 2-6 湿地生态系统服务价值构成和组件

如图2-6所示,湿地的物理和生态特征可以转化为生产、调节、信息和栖息地四个生态系统功能并向当地居民提供有价值的商品和服务。

(1) 生产功能。湿地的生态系统过程和组成部分将太阳能转化为可食用的植物和动物,以及用于人类建设和其他用途的生物量。这通常被称为湿地的生产功能,当地居民可以直接从湿地生态系统中获得这种服务和功能。这就是所谓的"直接使用价值"(DUV)。DUV可以分为食品生产和原材料供给。

①食品生产。首先,湿地满足了维持鱼类种群数量的基本需求,湿地生态系统为当地居民提供了多样化的食物来源。

②原材料供给。湿地也为动物提供牧草,为人类提供用于产品的燃料木材和原材料,比如餐具、垫子、托盘、篮子和纸,还提供了可再生的生物资源,如芦苇、燃料木材和动物饲料。

(2) 调节功能。湿地是地球上最大的生命支持系统,通过生物地球化学循环和其他生物圈过程,运行着对人类至关重要的调节功能。这些调节功能可以为人类提供具有直接效益的生态系统服务(如供水和水调节)。除此之外,对于居住在周边地区的当地居民以及生活在湿地外社区的居民来说,湿地还能产生间接的好处——"间接使用价值"(IUV)(如防洪、水质改善和碳封存)。

①水管理。从水调节中获得的生态系统服务是对自然的维护。

②水的供应。湿地具有保留、储存和供应水等功能。

③碳封存。湿地生态系统提供了碳封存。CO_2的捕获有助于减少全球变暖带来的损害。CO_2在生长过程中被植物吸收,然后被储存在地上和地下的植物生物量和泥炭中。

④水质量改进。水系统可以通过稀释、同化和化学重组等方式来分解、移除和回收有机和无机的人类废物。例如,有机污染物(如硝酸盐和磷酸盐等)和无机污染物(如重金属、氯、氰化物和硫等)被水生植物所稀释

和吸收。湿地作为水生植物社区,在污染解毒中扮演着重要的角色。

⑤防洪。湿地具有调蓄防洪能力,可以自然缓冲、吸收和储存大量的洪水。

(3) 信息功能。人类经常围绕在河流和湖泊周围居住,湿地为人类提供鱼类、饮水、牧场和交通工具等服务。湿地是文化历史的重要组成部分,也是艺术和宗教的一部分。因此,湿地生态系统是艺术和文化灵感的重要来源。这种文化资源将会造福于未来几代人。这种资源将会为后代提供服务,这就是所谓的"遗赠价值"。这个生态系统服务效益是一种"非使用价值"。此外,湿地为教育和研究提供了机会,通常被称为"选择价值",选择价值即保留湿地,当人类在未来需求嗜好有所改变时,仍然有选择的机会。自然生态系统也提供娱乐活动的机会,人们可以直接获得这种生态系统服务效益(直接使用价值)。

①文化遗产。湿地为文化、艺术和宗教相关的认知发展提供了机会。

②科学研究。湿地为人类提供了有关水生生物和鸟类的栖息地、生态系统的功能、自然的生物过程和它们之间关系的信息来源。水生生物和鸟类的生态特征为人类提供了科学研究的实验室,尤其是水生植物和沼泽鸟类。

③娱乐价值。湿地具有迷人的休闲景观,为娱乐活动提供了便捷服务,如散步、野营、钓鱼、游泳、观鸟以及自然研究。

(4) 栖息地功能。湿地生态系统通过为植物和动物物种以及生物多样性提供生存空间而为人类提供福祉。这就是所谓的"存在价值(EV)",也是"非使用价值"的一部分。

①栖息地。湿地提供的环境有助于生物获得足够的生存所需的食物和水,逃离潜在的捕食者,休息和繁殖。湿地可以为水生物种和鸟类物种提供栖息地,并为鸟类和水生动物物种提供育苗和保护区。

②生物多样性。湿地生态系统除了已证明的为动植物提供生存空间,也有利于生物和遗传多样性的维护。生物多样性有助于在环境波动的情况下稳

定生态系统，物种的多样性以及组成和网络结构的变化对种群动态、物种入侵的抵抗力以及一系列的生态系统功能有影响，包括分解、初级生产力、种子传播和授粉。每个生物体对生态系统功能的贡献都不同。

总而言之，湿地生态系统服务的价值包括"使用价值"和"非使用价值"，这两种价值是人们通过湿地生态系统所获得的利益。使用价值可以被分为直接使用价值（如食品生产、原材料供给、供水系统、水调节和娱乐）和间接使用价值（如防洪、水质改善和碳封存）。非使用价值被划分为遗赠价值、存在价值和期权价值等。

2.5 生态系统服务价值评估方法

要定量地评估湿地的生态系统服务价值是非常困难的。作为自然资源之一的湿地生态系统服务的价值通常可以根据其边际效用决定。边际价值则指商品每一单位的增加或减少带给消费者的总价值的变化量。从公共政策的角度出发，为了可以制定出能达到最佳保护和发展水平的政策，对湿地保护的边际价值估计是必要的，因为它可以体现出湿地本身变化对其价值的影响。现实中，人们面临的一个挑战是如何将边际值转换为总计和平均值。效用即商品带给消费者的满足感，效用论者认为当人们的需求不断被满足，其对物品的欲望会随之而递减。如果无限供给，人们对商品的需求可能减为零甚至有可能产生负效用，即商品的边际价值会随着商品供给的增加而随之减少甚至消失。这就说明，随着生态系统的增加，湿地的边际价值不仅不会增加，反而很有可能会下降，比如，随着湿地面积的小幅增加（减少），湿地的边际价值会减少（增加）。大多数湿地功能都表现出边际收益递减。正是由于边际价值的不恒定，当湿地面积在减少时，湿地面积的大小乘以每公顷的价值就会产生一个对总价值的向下的偏差估计。要想获得每公顷土地恒定的价值，必须假设每公顷湿地对人类的效益都是相同的。很显然这种假设是不切实际的，因为这基本上是在假设湿地具有持续的收益回报（即边际湿地价值等于平均湿地价值）。

根据新古典经济学理论，市场价格通常是社会对商品和服务价值认可的充分体现。价值评估主要是基于环境经济学原理和思想，一般而言，经济价值被定义为消费者剩余和生产者剩余。当消费者实际支付价格低于愿意支付价格时，消费者将因此而得到利益，称此利益为消费者剩余；而当生产者实际收取的价格高于其愿意生产供应的价格时，生产者将因此而得到利益，称此利益为生产者剩余。如果一种商品或服务有价值，一个人愿意付出代价来获得它，或者接受因为损失或损害它的赔偿。在一般的市场中，这种价值是可以观察到的，因为它表现为商品支付的价格，但是对于环境商品和服务，不存在市场或市场不完全，因而并没有市场价格作为评价的基础，由于市场的不完美无法体现它们的真实价格或价值，并且其对于个人的价值也无法被轻易地观察到。这种市场的失灵不仅会体现在环境物品市场中，教育、交通、健康和其他社会项目中也可能发生，因为市场无法为这些项目所产生的收益或成本制定适当的价格。在实际市场中，如果产品的价格低于或等同于人们对其的支付意愿，人们会选择购买。因此，如果某一产品的市场价格低于人们的支付意愿，那购买者所支付的实际金额与支付意愿之间的差额即为消费者盈余。消费者盈余是衡量人们在这种情况下获取的福利收益的程度。生态或景观相关的非市场产品经济评价的目的是精确衡量源自于此类产品质量或数量变化带来的个体福利的变化。这些变化虽然没有明确定价，却影响着个体的福利，因此经济估值应用在所有这些领域中。

基于以上考虑，环境经济学家提出了各种方法，以便在不同的情况下对环境进行评估，按照评价数据的来源和收集方法的不同，评价方法大体可分为以市场为基础的评价法（Market-based Method）、揭示性偏好方法

（Revealed Preference Method，RP）和陈述性偏好方法（Stated Preference Method，SP）。揭示性偏好方法直接根据环境变化所造成的物质影响进行经济评价，通常以损害函数来表示损害活动对自然资源、人造资源或对人类健康造成的物质损害，其函数关系通常相当复杂，需要通过调查或实验的方式获得，引用关系式时须谨慎比较条件是否相似；陈述性偏好方法是根据人们的意见或根据对人们行为的观察，间接评估可能造成的损害，可直接以询问的方式得到环境状况评价，或是观察人们对污染和其他商品的选择来估计可能的损害。

2.5.1 市场为基础的评价方法

市场为基础的评价方法：直接将生态系统提供的产品和服务通过市场机制货币化的价值市场为基础的评价方法，评价过程直接或间接地依赖于现有市场的实际行为，如保护区的娱乐需求分析或者从观察到的房价差异中获得的安全社区的价值。通常，经济学家更倾向于在评估环境商品和服务的价值时依赖于可观察的市场互动，但不可否认这会忽视了这些商品或服务以某种方式进入市场的商品的效用或生产功能。这是因为在传统市场偏好方法中，由于缺乏市场机制，源于环境产品在一定程度上供应的消费者盈余，在某些情况下可以依靠的非市场产品和市场交易产品之间的相互关系通过代理市场重新获得。具体方法整理如下：

（1）市场价格法。市场价格法（Market Price）用来估计在商业市场上买卖的生态系统产品或服务的经济价值，可以评估商品或服务的数量或质量的变化，是比较直接的价值评估方法。市场价格法根据不同价格购买的数量和不同价格提供的数量，使用标准的经济技术来测量市场上商品的经济效益。衡量市场交易资源价值的标准方法是利用市场价格和数量数据来估计消费者剩余和生产者剩余。总的净经济效益，即经济盈余，是消费者剩余和生

2 相关理论基础

产者剩余的总和。该方法有两个弊端：一是没有考虑到无形交换的价值，只考虑到作为有形实物的商品的交换价值；二是没有考虑到生态系统及其产品的间接效益，只考虑到了其直接经济价值。

（2）防护费用法。防护费用法（Defensive Expenditures）是指在个人自愿的基础上为保护某项生态服务的存在以避免某些灾害的发生而投入的费用。如果这些生态服务不存在，那么灾难将无法避免，因此利用人为修复灾害所造成的损害所需要支付的代价就是该生态服务的价值。

（3）重置成本法。重置成本法（Replacement Cost Approach）是为了恢复或保护某种生态系统而重新购置所需要商品或服务的费用，以此次生态资源被破坏后的损失来评估生态系统服务的经济价值，使用该方法必须提出三点假设：①危害的数量可以测量；②重置费用可以计量且不大于生产资源损失的价值；③重置费用不产生其他连带效益。

（4）机会成本法。机会成本法（Opportunity Cost Approach）是指在无市场价格的情况下，做出一项决策而放弃其他决策时所放弃的利益。换句话说，机会成本代表了作出决定时放弃的替代方案。因此，这个成本与两个相互排斥的事件最相关。在投资方面，所选择的投资与必然的投资之间的回报是不同的。例如，保护森林资源，禁止砍伐树木，这就是放弃砍伐树木带来的直接利益。

（5）生产函数法。生产函数法（Production Function Approach）将生产过程的物理输出与物理投入或生产要素联系起来。生产函数是主流新古典理论的核心概念之一，用来定义边际产品和区分分配效率。生产函数的主要目的是通过研究或者咨询专家学者意见列出投入和产出的关系，同时提取了实现技术效率的技术问题。生产函数表示输入和输出的有效组合，用以下公式表示：

$$Q=f(L,K,T,E) \qquad (2-15)$$

式中：Q 为产出；L 为劳动；K 为资本；T 为技术；E 为生态。

而生产率变动法（Changes in Productivity Approach）与生产函数法概念相同，基于损害函数，说明生产率的变化会受环境品质变化的影响。

(6) 影子工程法。影子工程法（Shadow Engineering Method）也叫替代工程法和替代成本法，是一种工程替代的方法。可以用人工方式代替生态系统所提供的服务部分，同时根据替代品的成本估计生态系统的服务价值。该方法要保证替代品能提供与原物品相同的功能、替代品的成本是最低的、使用替代品的人的需求与原物品完全相同。

2.5.2 揭示性偏好方法

揭示性偏好方法是指以替代市场为基础的方法（Surrogate Marketed-based Methods），即使用替代物（Proxy Market）代表无形的商品或服务，如休息地点的旅游价值或成本用推估自然资本的经济价值替代。如特征价格法（Hedonic Price Method，HPM）、旅行成本法（Travel Cost Method，TCM）等方法。

(1) 特征价格法。特征价格法（Hedonic Price Method，HPM）是使用环境商品或服务的替代品的价格来衡量商品本身的非使用价格。通常将人们为了享受更加健康舒适的生态环境而愿意付出的代价作为环境商品的价格。即把享受某种环境产品的差异性变化而产生的差价作为该环境产品的价值。商品的市场交易价格，利用代表商品的属性数量反映出商品的价格。以某一环境品质变动所带来的效益为例，首先将该特征所描述的市场商品价格及其所包含的特征数量进行回归分析，建立包含该项环境品质数量的特征价格函数，如式（2-16）所示：

$$P(Z) = P(Z_1, Z_2, \cdots, Z_n) \quad (2-16)$$

式中：P 为商品价格；Z_n 为各种属性数量。

再将特征价格函数作偏微分，导出该环境品质变数的隐含价格或特征价格，这隐含价格即消费者对于该环境品质特征变化时的边际愿付价格，然后以此边际愿付价格估计该环境品质反需求函数的价格，表示消费者选择特定环境品质需求量愿意支付的价格。

（2）旅行成本法。旅行成本法（Travel Cost Method，TCM）基于消费者需求理论，是间接性经济评价方法，是非市场商品价值评估最早使用的方法。通过测量民众的旅行成本，从而估算旅游的需求函数，间接衡量游憩地点环境资源品质变化为民众带来的经济效益。旅行成本法通常对游客进行抽样调查，参观旅游景点的近似价格就是旅游的成本，以此推导出需求函数，求出游憩价值的消费者剩余。所求出的消费者剩余作为生态旅游景点的生态价值，并以此对旅游景点进行评价，也就是说，旅游成本法是采用个体行为来估计源于参观休闲娱乐场所产生的消费者盈余。这样的估计是可以实现的，因为参观行为和旅行所需的产品是互补的。

2.5.3 陈述性偏好方法

为了评价环境、景观或文化资产等非市场产品，仅仅利用产品与其替代品之间的隐藏关系是不可能的。这是因为个体的支付意愿很可能包含与认识到这些资产的保存（非使用价值）所产生的福利有关的非使用动机部分。经济学家认识到环境和其他类似非市场产品的经济价值一般包含两部分：使用价值和非使用价值。使用价值涵盖了源于目前和将来的使用所产生的福利收益，包括产品的直接使用和间接使用，以及分配给未来使用的选择权的价值（期权价值）。例如，休闲场所带来了直接使用价值，也带来了期权价值。非使用价值（也被称为被动使用价值）与当代和下一代的利他主义或是"纯粹地"满足于资产的延续等动机有关。对环境资源物品的保护来说，可以预期意义深远的非使用价值。此外，非使用价值并不局限于游客等用户人群。它们也可适用于一般人群，这样可以使其优越的使用价值整合到各自的受益者。因此，诉诸揭示性偏好方法来评价环境产品和服务的价值，可能会导致严重低估商品本身的经济收益。陈述性偏好方法被认为是适合用来估计非使用价值的方法。该方法起源于20世纪60年代的市场研究。1963年，Davis[109]在经济学中首次运用了这种方法来评估美国缅因州伍德的户外娱乐价值。

这些方法围绕着市场的缺失创造了一种假设情境，基于精心设计的问卷调查，利用虚拟市场征求人们的支付意愿，以获取如环境状况的改善（或避免环境状况的恶化）对个人福利的影响。陈述性偏好方法为使用价值和非使用价值的估计提供了可能性。使用价值是一种从直接或间接消费中获得效用的货币度量。非使用价值并不是那么有形的，而且通常表现为将一些现有资产遗赠给后代的愿望。陈述性偏好方法主要有条件价值法和选择实验法。

（1）条件价值法。条件价值法（Contingent Valuation Method，CVM）是在假想市场的情况下，利用问卷直接调查和询问人们对某一生态环境效益或资源保护措施的最高支付意愿，或对生态环境或资源质量数量损失的最低接受赔偿意愿。与市场价值法和替代市场价值法不同，条件价值法不是基于可观察的市场行为，而是基于被调查对象的回答。条件价值法也可以用于生态系统服务的使用价值和非使用价值，目前为止被广泛应用在生态环境改善的效益和生态环境破坏的经济损失的评估中。但其仍存在不少缺点，如所得到的数据会受到被调查者对问题的重要性认知、回答问题态度、假设条件是否接近实际情况等因素影响，或是WTP、WTA两者的均值问题以及两者间的差别易使结果产生偏差。

（2）选择实验法。选择实验法（Choice Experiment，CE）是更广泛的陈述性偏好方法的一种，被认为是基于属性的方法。商品本身并不会为消费者带来效用。相反，商品会有属性，而这些属性会产生效用。选择实验法要求受访者从一组选项不同的属性水平选择卡片中选择他们最偏爱的产品。被消费者重复选择的这些选择卡片揭示了消费者在属性之间的权衡意愿。在缺乏真正的市场数据时，精心设计的选择实验过程可以更好地模拟市场选择情景，帮助深入理解消费者的购买行为，通过产生可靠的 WTP 估计获得商品的价值。

2.6 本章小结

本章节介绍了生态系统服务价值评估的价值相关理论，首先从消费者选择理论和福利经济学基础理论的基本概念着手，明确了消费者选择及福利价值的概念及其内涵外延，接着介绍了自然资源价值的概念，严格地为全书的研究范畴做出界定。最后通过对常用的生态系统服务价值评价方法进行梳理和分类，为本书选择合适的评估方法提供理论基础。

3 湿地生态系统服务非使用价值空间分异研究

湿地生态环境保护工程所需的成本和带来的收益并不是均匀分布的,居民距离湿地的空间分布是湿地生态系统服务非使用价值评估中必须要考虑到的问题,已有研究表明,居民对保护生态环境的支付意愿存在距离衰减性[9],但是对距离衰减性产生的原因却鲜有报道。地处不同空间的湿地生态系统服务受益者对于湿地生态系统服务的需求是随着受益者对湿地生态系统服务的认识产生变化的,这表明,受益者对湿地生态系统服务的总体认知是其对湿地生态系统服务需求产生变化的内在因素,如果这一观点成立,那么仅以距离衰减性作为湿地生态环境保护工程中成本收益分担的依据,是远远不够的。只有深入挖掘距离衰减性存在的内在机理,才能使湿地生态系统服务非使用价值的评估更科学、有效。

条件价值法围绕着市场的缺失创造了一种假设情境,基于精心设计的问卷调查,利用虚拟市场征求人们的支付意愿,以获取如环境状况的改善(或避免环境状况的恶化)对个人福利的影响,条件价值法被认为是适合估计非使用价值的方法之一。本章将条件价值法作为支付意愿引导技术,对受访者进行调查访问,并对受访者作地理边界划分,将回收样本分布区域分为核心区、辐射区及外围区三个区域,即三江平原行政区域被划为核心区,黑龙江省其余区域被划为辐射区,黑龙江省省外周边地区被划为外围区。核心区居民是湿地环境的直接影响者和直接感受者,辐射区居民受影响程度低于核心区居民,而外围区的居民生活几乎不会受湿地影响。本书选取居民对三江平原的总体认知作为度量其支付意愿空间分异的重要指标,研究空间属性变量对支付意愿的影响规律,验证距离、认知与支付意愿的相关性,旨在揭示支付意愿距离衰减性的内在机理。

3.1 条件价值法概述

条件价值法是非市场价值评估中最为重要、应用最为广泛的一种方法,常用于评估环境等具有无形效益的公共物品的经济价值。其最常用的方法是在假想市场的情况下,以调查问卷的方式直接询问人们在使用或保护某种给定的环境物品或服务时而愿意支付的最大货币数量或在失去某种给定的环境物品或服务时而愿意接受补偿的最大货币数量,并以此来估计环境公共物品的经济价值。

双边界二分式问卷是由 Bishop[110]引进 CVM 研究中的,在 Hanemann 建立了二分式选择与支付意愿之间的函数关系之后得到广泛应用[111]。双边界二分式 CVM 模型以效用函数为基础,通过提示额和回答数据估计效用函数,再以效用函数计算支付意愿额,因而和经济理论有较高的整合性。假定环境状态从 Q_0 恶化到 Q_1,通过测度等价剩余,可以评价为了防治环境恶化而采取的环境保护政策的价值。回答者的间接效用函数可表示为可观察部分 V 和不可观察部分 ε,M 表示收入。则

$$U = V(Q, M) + \varepsilon \tag{3-1}$$

为了实施环境保护政策,给受访者的提示额度为 BID 元时,回答者接受的概率为

3 湿地生态系统服务非使用价值空间分异研究

$$P[Yes] = P[U(Q_0, M-BID) > U(Q_1, M)] = P[\Delta V > \varepsilon^1 - \varepsilon^0] = 1 - G(BID) \tag{3-2}$$

其中，ΔV 为可观察效用的差；G 为分布函数，若 G 为逻辑斯蒂分布，就成为 Logit 模型，公式表示为

$$P[Yes] = [1 + e^{-\Delta V}]^{-1} \tag{3-3}$$

双边界二分式先给受访者提供一个初始投标值，如果受访者同意支付第一个投标值，就提供另一个较高投标值，否则就提供另一个较低的投标值。受访者的回答会有以下 4 种可能："同意—同意""同意—不同意""不同意—同意""不同意—不同意"根据随机效用最大化原理（Random Utility Maximization，RUM），Hanemann[112] 认为受访者对投标值的离散响应（Discrete Response）可以看成是受访者个人的效用最大化过程。由此，受访者可能产生的四种不同回答的概率可以用以下函数表示：

$$\pi^{yy}(BID_i, BID_i^U) = Prob\{BID_i \leq maxWTP, BID_i^U \leq maxWTP\}$$
$$= Prob\{BID_i^U \leq maxWTP\} = 1 - G(BID_i^U; \theta) \tag{3-4}$$

$$\pi^{yn}(BID_i, BID_i^U) = Prob\{BID_i \leq maxWTP \leq BID_i^U\}$$
$$= G(BID_i^U; \theta) - G(BID_i; \theta) \tag{3-5}$$

$$\pi^{ny}(BID_i, BID_i^L) = Prob\{BID_i \geq maxWTP \geq BID_i^L\}$$
$$= G(BID_i; \theta) - G(BID_i^L; \theta) \tag{3-6}$$

$$\pi^{nn}(BID_i, BID_i^L) = Prob\{BID_i > maxWTP, BID_i^L > maxWTP\}$$
$$= G(BID_i^L; \theta) \tag{3-7}$$

式中：$G(\bullet;\theta)$ 为参数 θ 的分布函数，其中，π^{yy}、π^{yn}、π^{ny}、π^{nn} 分别为第 i 个受访者回答结果为"同意—同意""同意—不同意""不同意—同意"和"不同意—不同意"的概率；BID_i 为提供给第 i 个受访者的初始投标值；BID_i^U 为提供给第 i 个受访者的较高投标值；BID_i^L 为提供给第 i 个受访者的较低投标值。

对特定化的 ΔV 进行分析，假设受访者 i 的回答情况受到社会经济变量和投标值影响，且具线性关系，则可表达为线性函数模型：

$$\Delta V = \alpha + \beta x_i + \gamma BID \tag{3-8}$$

可通过似然法估计参数 α 及 β，得到支付意愿额。假设 d_i^{yy}、d_i^{yn}、d_i^{ny}、d_i^{nn} 为虚拟变量，分别表示受访者回答的结果，如果受访者回答的结果为"同意—同意"，则令 $d_i^{yy}=1$，否则 $d_i^{yy}=0$；d_i^{yn}、d_i^{ny}、d_i^{nn} 的定义类似。由此得到样本对数似然方程：

$$\ln L^s(\theta) = \sum_{i=1}^{N} \{d_i^{yy}\ln\pi^{yy}(BID_i, BID_i^U) + d_i^{nn}\ln\pi^{nn}(BID_i, BID_i^L)$$
$$+ d_i^{yn}\ln\pi^{yn}(BID_i, BID_i^U) + d_i^{ny}\ln\pi^{ny}(BID_i, BID_i^L)\} \tag{3-9}$$

根据调查所得数据和上述公式可知，采用对数似然估计可得到回归方程的参数估计值，从而可计算出相应的支付意愿。当 G 为 Logistic 分布时，可得平均 WTP 计算公式如下：

$$WTP_{mean} = \int_0^{BIDmax} \frac{dt}{1+\exp(-\alpha - \sum \beta_k \overline{X_k} - \gamma BID)} \tag{3-10}$$

式中：$\overline{X_k}$ 为影响受访者支付意愿各影响因素变量的平均值；β_k 为除投标值外其他影响因素变量的回归系数；γ 为投标值的回归系数。

3.2 问卷设计

3.2.1 双边界二分式引导技术核心问题设计

对于普通受访者而言，由于"三江平原生态系统服务"是个很难清晰界定的"环境公共物品",从而导致受访者在受访过程中盲目回答,因此在邀请受访者进入"市场"前,调查员必须针对问卷研究问题的背景和目的作相关介绍,告知受访者三江平原湿地具有无形的效益,如环境品质改善,维护生物多样性等生态、社会功能。在正常决策过程中,为了判断受访者是否愿意进入"市场",首先要询问受访者是否愿意从每年的收入中拿出一定资金来维持三江平原湿地生态环境的保护,如果受访者回答"不愿意",则追问其不愿意支付的原因。如果受访者回答"愿意",说明该受访者愿意进行支付,可以继续进行双边界二分式问卷调查,二分式核心问题如图3-1所示。

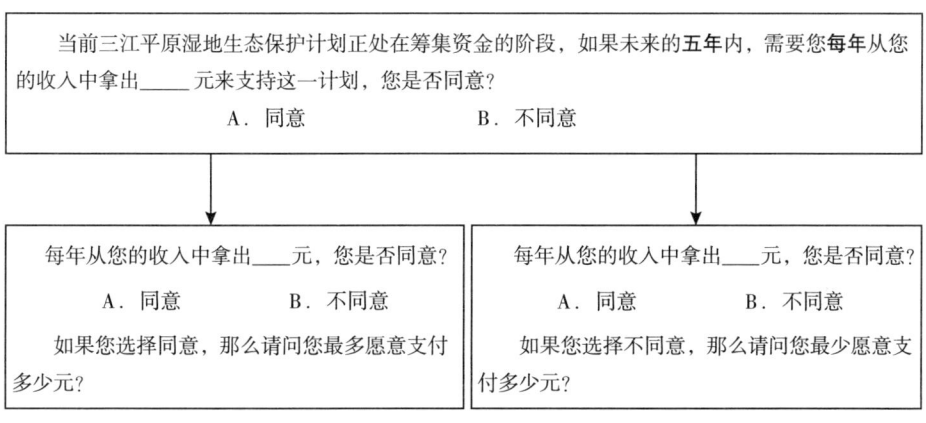

图3-1 双边界二分式核心问题

3.2.2 双边界二分式调查方案

本书在正式调查前进行了预调查,根据预调查的分析结果,获得了支付意愿的合理投标值区间信息,并将正式调查所用的二分式调查问卷按照不同的投标区间设置了以下7个方案,如表3-1所示。

表 3-1 双边界二分式 CVM 调查方案

支付方案	初始投标值（元）	较高投标值（元）	较低投标值（元）
①	1	3	
②	5	10	3
③	10	20	5
④	20	30	10
⑤	50	100	30
⑥	100	200	50
⑦	200	500	100

3.2.3 问卷结构

为了确保调查的可靠性和有效性，保证问卷内容与研究目的相一致，这部分问卷是在完成对国内外相关文献的检索、阅读、整理和总结的前提下，严格遵守调查问卷设计的方法和准则，借鉴国内外其他领域利用计划行为理论进行研究的成果，并结合本书研究对象的需要，在咨询了导师和相关领域的专家后，根据建议初步形成调查问卷。

调查问卷根据问题的不同类型分为三个部分，具体包括：第一部分为居民对三江平原环境总认知调查，包括三江平原环境保护的重要性及对生活有无影响等；第二部分为支付意愿调查，调查受访者进入市场的意愿，如果受访者同意，则通过二分式引导其为保护三江平原湿地景观愿意支付的价格，如果受访者拒绝，则追问其拒绝的原因；第三部分为受访者基本社会属性调查，包括性别、年龄、职业、受教育程度和年收入等。

3.3 问卷调查

（1）预调查。在正式调查之前，为确保问卷调查的有效性和访问友好性，使之更加科学、全面和合理，调查小组在哈尔滨随机抽取受访者作为小样本进行了预调研，根据回收样本的调查结果以及调查过程中发现的问题进行了深入分析和讨论，针对语句的表达、问题的顺序以及选项的设置不断做出修正和改善，对整体问卷的结构进行调整和优化形成了最终问卷。

（2）正式调查。根据在预先测试中得到的经验，正式调查选择在6月进行，因为这个月份是三江平原湿地温度比较适宜的季节，可以保证更多的受访者加入到面访中来，调查小组成员由博士、硕士和本科生组成，并事先接受了相关问卷内容的培训。调查小组成员在进行面访前都要给受访者先进行简短的内容说明，因为受访者所受教育水平不同，会出现受访者在不熟悉假定情境下做出偏好选择的问题，这种情况将不利于数据集的收集，因此提前给予一定内容培训，可以减少由于对问题的误解所引起的偏差。培训内容包括对所有问题和潜在问题的仔细解释和讨论。采用任意抽样调查，结合调查区域的特征，根据调查区域人口比例确定样本数量分布，最终发放了1000份问卷。

3.3.1 样本的描述性统计

通过为期一周的实地调研，回收问卷961份，除去漏选、错选以及胡乱答题的问卷，最终得到909份有效问卷，占总问卷数的90.90%，根据回收的受访者样本的性别、年龄、受教育程度及个人月收入的情况，运用SPSS 23.0统计软件对909份有效问卷的人口统计学特征进行了统计分析，具体结果如表3-2所示。

表3-2 受访者社会人口信息统计

变量	描述	定义	样本比例（%）
性别	男	SEX=0	53.36
	女	SEX=1	46.64
年龄	20岁以下	AGE=1	5.00
	21~30岁	AGE=2	35.90
	31~40岁	AGE=3	27.20
	41~50岁	AGE=4	25.20
	51~60岁	AGE=5	4.80
	60岁以上	AGE=6	2.00
受教育程度	小学及以下	EDU=1	2.64
	初中	EDU=2	11.55
	高中	EDU=3	25.19
	大学	EDU=4	40.70
	研究生及以上	EDU=5	19.91
个人月收入（元）	3千以下	INC=1	6.60
	3千~6千	INC=2	12.00
	6千~1.2万	INC=3	11.78
	1.2万~2.4万	INC=4	14.74
	2.4万~3.6万	INC=5	9.35
	3.6万~4.8万	INC=6	5.72
	4.8万~6万	INC=7	30.14
	6万以上	INC=8	9.68

此次抽样调查涵盖了政府、事业单位职工、专业技术人员、军人、工人、商人、农民、学生以及退休人员等所有行业的受访者。数据统计结果表明：①男性受访者485位，约占样本比例的53.36%，女性受访者424位，约占样本比例的46.64%，受访者性别分布比较接近；②年龄主要分布在21~50岁，约占受访者比例的88.30%，其他年龄如小于20岁大于50岁的

3 湿地生态系统服务非使用价值空间分异研究

比例较少,只占到11.8%,比较符合调查时段的游客的年龄规律;③从受访者的受教育程度来看,受访者的文化教育程度集中在初中、高中和大学水平阶段,约占整个受访者比例的77.44%,小学以下及研究生以上的受访者比例偏少,仅占22.55%,符合我国教育水平规律;④从收入水平来看,年收入在4万~6万元的受访者居多,比较符合当地的收入特征。总体来看,调查样本数据的基本特征结构合理且符合正态分布,减少了因为样本分布不均匀容易造成的误差,因此分析是具有实际意义的。

通过对受访者正支付率的统计分析发现,同意支付的问卷有591份,抗议支付的问卷有318份,分析受访者在各投标值的反应状况,得到"同意—同意""同意—不同意""不同意—同意"以及"不同意—不同意"4种反应的频率,统计结果如表3-3所示。

表3-3 双边界二分式支付意愿分布

问卷类型	同意—同意		同意—不同意		不同意—同意		不同意—不同意		合计	
	人数	比例(%)	人数	比例(%)	人数	比例(%)	人数	比例(%)	人数	比例(%)
①	85	94.45	3	3.33	2	2.22	0	0.00	90	100
②	83	89.25	7	7.53	2	2.14	1	1.08	93	100
③	70	82.35	10	11.76	4	4.71	1	1.18	85	100
④	62	80.52	8	10.39	6	7.79	1	1.30	77	100
⑤	52	68.42	9	11.84	8	10.53	7	9.21	76	100
⑥	35	43.75	24	30.00	16	20.00	5	6.25	80	100
⑦	31	34.44	31	34.44	15	16.67	13	14.45	90	100

3.3.2 抗议支付的原因

调查结果表明,地处三江平原腹地核心区的受访者愿意支付的比例为

71.93%,不愿意支付的比例为28.07%;辐射区受访者愿意支付的比例为61.90%,不愿意支付的比例为38.10%;外围区受访者愿意支付的比例为51.14%,不愿意支付的比例为48.86%。由此可以看出,核心区受访者的正支付率最高,其次是辐射区,最小的是外围区。不愿意支付的原因如图3-2所示。影响核心区和辐射区受访者抗议支付的主要原因为"应由政府承担"和"没有能力支付",因为"距离太远"而拒绝支付的比例分别为8.89%和10.40%,但影响外围区抗议支付的受访者选择"距离太远"因素的人数却远远高于核心区和辐射区,这一结果表明,受访者在不同的空间区域,对三江平原湿地的保护认知符合分异特征,从而影响其是否愿意支付的意愿。

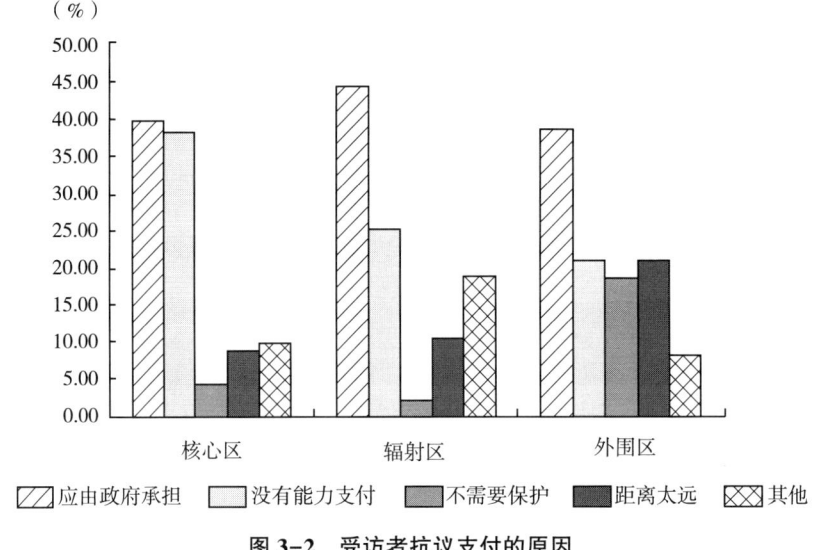

图3-2 受访者抗议支付的原因

3.3.3 受访居民对湿地生态系统服务认知的空间差异

(1)三江平原湿地生态系统服务认知量表的信度分析。本书通过设置居民对三江平原湿地生态系统认知测量表，测度居民对三江平原生态环境认知的差异，量表从五个方面对居民认知进行测度，题项为"是否了解三江平原湿地""是否关心三江平原湿地环境保护""对三江平原湿地的保护如何评价""三江平原湿地对生活有无影响"以及"保护三江平原湿地是否重要"，分别对应受访者对三江平原湿地生态系统服务的了解程度、关心程度、对保护状态的评价、对自己生活的影响程度以及对环境保护行为的重要程度的测量。为了验证测量结果的稳定性和一致性，本书对量表进行信度分析。量表信度越高，标准误差越小，表明所测量的结果越准确。由于理想的测量工具是不存在的，所以常用近似测量的方法代替，如内部一致性信度。内部一致性信度一般采用一致性系数（Cronbach's α）作为量化指标。一般而言，Cronbach's α 允许接受的值不得小于 0.6；超过 0.7，表明问卷具有可靠性；超过 0.8，表明问卷具有很好的可靠性；超过 0.9，表明问卷的内部一致性极佳。

本书根据信度分析的方法，对调查结果进行信度分析。如表 3-4 所示，问卷整体的 Cronbach's α 值为 0.911，问卷具有较好的内部一致性。

表 3-4 认知测量表的 Cronbach'α 值的检验结果

潜变量	观测变量	CITC	删除项后的 Alpha	总体量表的 Cronbach's α 系数
居民认知	KNOW1	0.853	0.875	0.911
	KNOW2	0.655	0.915	
	KNOW3	0.848	0.872	
	KNOW4	0.668	0.913	
	KNOW5	0.854	0.874	

（2）三江平原湿地生态系统服务认知量表的效度分析。效度主要体现为研究得到的测量值和真实值之间的接近程度。采用探索性因子分析方法检

验数据，验证各变量是否具有单维度性。如果各变量在经过探索性因子分析后只能生成一个因子，则说明所设变量有较好的单维度性。此外，探索性因子分析的方法还能对观测变量的负载系数进行检验。得出的负载系数越高，且没有出现交叉负载的情况，就说明所设计的变量间有较好的区别效度。

本书用 KMO（Kaiser-Meyer-Olkim）检验和 Bartlett's 球形度检验来验证数据是否能够进行因子分析，KMO 检验能够验证研究样本是否充足以及变量间偏相关的大小，如果 KMO 值大于 0.7，说明所收集的数据有效。Bartlett's 球形度检验则能够检验相关矩阵是否是单位矩阵。本书利用 SPSS Statistics 23 中的因子分析进行 KMO 和 Bartlett's 球形度检验，计算结果如表 3-5 所示。

表 3-5　KMO 和 Bartlett's 球形度检验结果

KMO 取样适切性量表		0.734
Bartlett's 球形度检验	近似卡方	11398.256
	自由度	10.000
	显著性	0.000

由表 3-5 可知，KMO 值大于 0.7，显著性为 0.000，说明检测结果较好，因此可以判定量表设计整体结构有效。

（3）三江平原湿地生态系统服务认知差异分析。采用 Likert 五点计分法，满分为 60 分，最终计算出每个空间区域受访者的认知指数及其均值，并以此衡量该区域居民对三江平原生态保护的总体"认知"程度，测试结果如表 3-6 所示。结果表明，在对三江平原生态环境认知的测试中，居民对于多数测试项目的认知强度呈现出由核心区→过渡区→外围区依次递减的特征，符合距离衰减规律。而居民对于"保护三江平原生态环境是否重要"的项目，呈现出由外围区→核心区→过渡区分异的规律。这说明外围区的居民对于生态环境保护问题有着更高程度的认知。核心区、过渡区、外围区居民的认知平均指数分别为 3.47、3.23 和 3.06，呈现总体衰减趋势。将居民认知作为独立变量纳入三江平原湿地生态系统服务非使用价值计算模型。

表 3-6 生态认知测试结果

编号	测量项目	认知等级	测试项目打分均值		
			核心区	辐射区	外围区
1	是否了解三江平原湿地	非常了解到完全不了解，赋值 5-1	3.13	2.75	2.64
2	是否关心三江平原湿地环境保护	非常关心到完全不关心，赋值 5-1	3.68	3.63	3.09
3	对三江平原湿地的保护如何评价	非常好到非常不好，赋值 5-1	3.05	2.52	2.26
4	三江平原湿地对生活有无影响	极大影响到完全没影响，赋值 5-1	3.19	2.98	2.74
5	保护三江平原湿地是否重要	非常重要到非常不重要，赋值 5-1	4.28	4.26	4.59
	指数均值		3.47	3.23	3.06

3.4 模型构建及参数估计

3.4.1 模型变量的选择与定义

在双边界二分式模型的引导下，受访者的响应除了受初始值和个人认知的影响，其社会经济属性也会影响其支付意愿，社会经济属性的统一说明和定义如表 3-7 所示。

表 3-7 变量定义与说明

变量	变量定义与赋值方法
bid	问卷中给定的初始投标值
att	对三江平原生态价值的认知程度
sex	性别（1：男；2：女）
age	年龄（1：20岁以下；　2：21~30岁；　3：31~40岁；　4：41~50岁；　5：51~60岁；　6：60岁以上）
work	职业（1：企业政府负责人；2：技术人员；3：企业政府职工；4：农民；5：学生；6：其他）
edu	受教育程度（1：小学及以下；2：初中；3：高中；4：大学；5：研究生以上）
income	个人年收入（1：3000以下；　2：3000~6000；　3：6000~12000；　4：12000~24000；（元）　5：24000~36000；6：36000~48000；7：48000~60000；8：60000以上）

3.4.2 平均支付意愿估计

根据调查数据，使用 Eviews 软件中的对数似然估计，可估计居民受访者支付意愿的 Logit 模型系数。

（1）双边界二分式下核心区受访者平均支付意愿的 Logit 模型回归系数估计结果如表 3-8 所示。

表 3-8 双边界二分式下核心区受访者 WTP 的 Logit 模型估计

变量	系数	标准差	Z 统计量	P 值
常数项	-2.429415	1.145477	-2.120877	0.0339**
投标值	-0.009762	0.000827	-11.80710	0.0000***
性别	0.098094	0.271942	0.360715	0.7183
年龄	-0.237879	0.136180	-1.746798	0.0807
职业	-0.022448	0.061688	-0.363889	0.7159
受教育程度	0.441948	0.139222	3.174411	0.0015**

续表

变量	系数	标准差	Z统计量	P值
年收入	0.289850	0.070443	4.114668	0.0000***
认知	0.051964	0.014170	3.667218	0.0002***

注：***、**、*分别表示在1%、5%、10%的水平上显著。

通过估计可得回归模型为

$$\text{LogitP} = -2.429415 - 0.009762\text{bid} + 0.051964\text{att} + 0.098094\text{sex} - 0.237879\text{age}$$
$$-0.022448\text{work} + 0.441948\text{edu} + 0.289850\text{income} \quad (3-11)$$

双边界二分式下核心区受访者平均支付意愿为

$$\text{WTP}_{\text{mean}} = 197.73 \text{ 元/年}$$

（2）双边界二分式下辐射区受访者平均支付意愿的 Logit 模型回归系数估计结果如表3-9所示。

表3-9 双边界二分式下辐射区受访者 WTP 的 Logit 模型估计

变量	系数	标准差	Z统计量	P值
常数项	-8.761326	3.066697	-2.856926	0.0043
投标值	-0.009344	0.001289	-7.248083	0.0000***
性别	-0.804989	0.470748	-1.710024	0.0873
年龄	0.208896	0.272941	0.765350	0.4441
职业	0.323958	0.110886	2.921538	0.0035***
受教育程度	0.655040	0.290521	2.254709	0.0242**
年收入	0.243855	0.090956	2.681028	0.0073***
认知	0.126112	0.039755	3.172187	0.0015***

注：***、**、*分别表示在1%、5%、10%的水平上显著。

通过估计可得回归模型为

$$\text{LogitP} = -8.761326 - 0.009344\text{bid} + 0.126112\text{att} - 0.804989\text{sex} + 0.208896\text{age}$$
$$+0.323958\text{work} + 0.655040\text{edu} + 0.243855\text{income} \quad (3-12)$$

湿地生态系统服务非使用价值评价研究

辐射区受访者平均支付意愿为

$$WTP_{mean} = 169.65 \text{ 元/年}$$

(3) 双边界二分式下外围区受访者平均支付意愿的 Logit 模型回归系数估计结果如表 3-10 所示。

表 3-10 双边界二分式下外围区受访者 WTP 的 Logit 模型估计

变量	系数	标准差	Z 统计量	P 值
常数项	-6.017946	1.998700	-3.010930	0.0026
投标值	-0.012789	0.002713	-4.714172	0.0000***
性别	0.479797	0.665446	0.721016	0.4709
年龄	-0.051312	0.282810	-0.181435	0.8560
职业	0.177146	0.138751	1.276718	0.2017
受教育程度	0.076625	0.314164	0.243900	0.8073
年收入	0.401346	0.189061	2.122834	0.0338**
认知	0.131827	0.058313	2.260667	0.0238**

注：***、**、* 分别表示在 1%、5%、10% 的水平上显著。

通过估计可得回归模型为

$$LogitP = -6.017946 - 0.012789bid + 0.131827att + 0.479797sex - 0.051312age$$
$$+ 0.177146work + 0.076625edu + 0.401346income \quad (3-13)$$

外围区受访者平均支付意愿为

$$WTP_{mean} = 151.77 \text{ 元/年}$$

根据模型估计数据，得到以下结果：

(1) 双边界二分式引导技术下，核心区、辐射区和外围区居民平均支付意愿分别为每人每年 197.73 元、169.65 元及 151.77 元。结果显示，居民对三江平原湿地生态环境保护的支付意愿存在空间差异，从核心区、辐射区到外围区呈现阶梯式递减趋势，符合距离衰减性原理。

(2) 回归模型结果表明，核心区、辐射区和外围区的认知变量与 WTP

3 湿地生态系统服务非使用价值空间分异研究

呈正相关,说明居民认知程度越高,越倾向于愿意支付。核心区和辐射区居民的认知变量与支付意愿在1%水平下显著相关,外围区居民的认知变量与支付意愿在5%的水平下显著,显著水平整体呈现递减趋势。

3.5 本章小结

(1) 本章采用DC-CVM估算受访者对三江平原生态环境保护的支付意愿,根据受访者地理空间位置的不同,将样本分布区域分成核心区、辐射区和外围区三个空间区域,将受访者生态认知作为影响支付意愿的重要因素,将其作为独立变量纳入WTP计算模型,结果表明,受访者的心理认知、空间距离以及支付意愿三者之间存在相关性,解释了距离衰减性的内在机理。

(2) 通过分析核心区、辐射区和外围区居民的回答响应,外围区的居民抗议支付率最高,其次是辐射区,核心区抗议支付率最低。

(3) 通过分析居民社会经济属性对支付意愿的影响,结果表明,居民收入情况对其支付意愿有显著影响,在核心区和辐射区内,居民的受教育程度对支付意愿有影响,而外围区居民受教育程度对支付意愿的影响不显著。

(4) 受访者的受教育程度、个人年平均收入等因素与支付意愿正相关,不同的距离范围内各属性变量对支付意愿的影响效果及程度不同,年龄和职业等因素影响不显著。

综合结果表明,基于空间视角将个体的认知因素纳入支付意愿计算模型,从空间上既验证了WTP距离衰减性及个体认知的异质性,同时也说明了个体认知与空间距离的相关性,解释了支付意愿及其距离衰减性存在的内在机理,这使支付意愿的研究视角成功地向个体的社会心理因素转变。

4 湿地生态系统服务非使用价值社会心理因素研究

不同空间区域的受访者的认知与支付意愿是显著相关的,这说明心理因素是导致支付意愿空间异质性的主要原因之一,为此,本章将研究视角从空间因素转向社会心理学因素。随着对支付意愿研究的不断深入,发现受访者个体对生态环境物品认知的形成是一个复杂的过程,由很多因素构成,比如所处的环境、不同的生态伦理观及价值倾向等,这些综合的社会心理因素最终形成一个人有异于其他人对环境物品的认知。本章通过对个体认知做进一步的细分,引入计划行为理论,深入分析个体社会心理因素的构成以及其对支付意愿的影响,以期能够更好地解释支付意愿背后的行为动机,为后期湿地生态系统服务价值评价模型的改进提供研究基础,从而提高评价结果的准确性。

4.1 计划行为理论的基础理论

4.1.1 主观期望效用理论

主观期望效用理论(Subjective Expected Utility Theory,SEU)是指当决

策主体面对较大的风险决策或处在不明确的决策环境下，决策主体的决策行为意向会受到其对行为的预期结果以及对结果的预期评价的影响，在以往的实际研究中，决策主体对其决策行为的预期结果通常用报酬或者成本的期望来衡量。本书中，民众对湿地生态系统服务的支付行为，可以通过其对环境改善的预期效果及其本身对该行为的态度进行考量。主观期望效用理论的框架如图4-1所示，个体真实行为意愿会影响个体实际行为，同时个体行为态度又会影响其真实行为意愿，同时行为意愿又受到态度的影响，而个体的行为态度则是由其对行为的预期决定的。

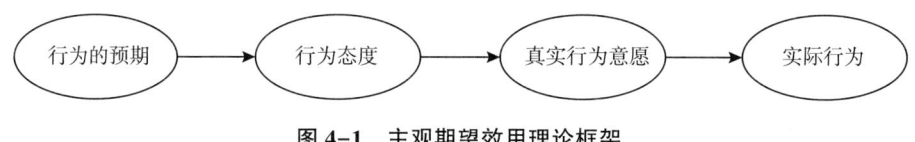

图4-1 主观期望效用理论框架

4.1.2 理性行为理论

理性行为理论（Theory of Reasoned Action）是由 Fishbein 和 Ajzen 于1975年所提出的预测个人行为态度的一项理论，主要关注的是个体行为的决定因素，其理论基础源自社会心理学，主观态度、意向及行为之间的依存关系[113]。经过不断发展、验证，1980年提出了主观性规范，构建出它们之间的完整架构，从理论上来看，这种理论可以直观、简约、有见地地解释个人行为能力，解释个人态度与行为之间的关系，分析个人态度对行为能力的作用的机理[114]。理性行为理论假设个人通常是理性的，会在决定是否执行某项规定之前，考虑他们的行动所产生的影响。或者说，在个体执行某一行为之前，其已经综合各种信息对执行该行为的后果进行了评估[115]。

理性行为理论有助于理解一个人的自愿行为。根据理性行为理论，发现个人的行为与执行该行为的基本动机有关，即个体在实际行动前通常会表现出执行该行为的意图。这一意图被称为行为意向,行为意向表明个体相信在执行某种行为后必然会导致的特定的结果。行为意向对理性行为理论很重要,因为个体行为意向会受到个人态度及主观规范的影响,而同时最直接影响个人行为的决定因素就是行为意向,至于其他可能影响行为的因素,都是通过行为意向来间接影响行为。因此,更强的行为动机会增加执行行为的努力程度,这也增加了执行行为的可能性。其中,态度是指一个人对人、事、物或行为所抱持的正面或负面的感受,当个体认为从事某种行为将会带来好的结果,那么他的态度将会是正面的、喜爱的,进而增强执行该行为的意向;态度同时也代表着该个体对某对象持续性的喜爱、厌恶等预设立场及特定行为的评价。主观规范是指个体所认定的重要关系人在个体执行某一个行为时是否赞同或支持带给个体的压力或影响程度,重要关系人可以是个人或团体,也就是说,个体在执行某一行为时所认知到的来自身边的社会压力的影响,理性行为理论框架如图4-2所示。

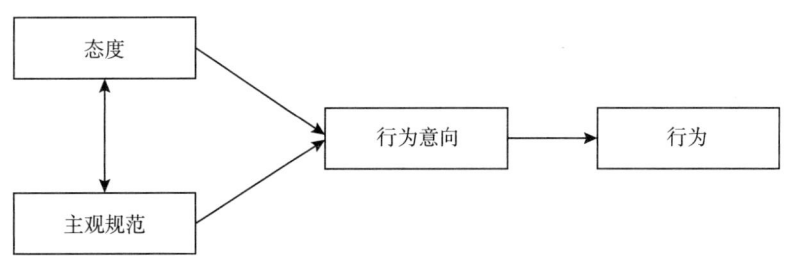

图4-2 理性行为理论框架

要强调的是,理性行为理论只是用于预测个人行为意向,并不是预测行为的模型。其公式表达如下:

$$B \approx BI = \omega_1 A + \omega_2 SN \quad (4-1)$$

式中:B 为个体行为;BI 为个体行为意向;A 为态度;SN 为主观规范;ω_1 和 ω_2 为影响 A 和 SN 的权重。

4.1.3 计划行为理论

计划行为理论（Theory of Planned Behavior，TPB）是理性行为理论的拓展，是由 Ajzen[116] 提出的，并被广泛应用的社会心理学理论。传统理性行为模型假设个体是在自己完全的意志控制下执行某项理性行为，因此在预测人类不完全控制时的行为的问题上有缺陷。计划行为理论的核心思想与理性行为理论一致，都认为个体行为是由其行为意向来决定是否执行的，主要反映的是要实行一项具体的行为所必须的态度以及感观可能性。该理论假定态度、主观规范和知觉行为控制能帮助人们更好地理解相关行为[117]。

TPB 的基本假设是态度、主观规范和知觉行为控制会影响行为意向。这意味着，若个人对一项行为或者事物的态度越正面，其感受到的来自周围的支持就越强，以及自我评估对该行为或者事物的控制越多，则个人采取该行为或者事物的意向便越强烈。此外，因为个人所感觉到的行为控制可能多少有一些实际依据，因此知觉行为控制也可以间接反映着某种程度的实际难易程度，即使不经由行为意向，知觉行为控制也能通过自我评估实际难易程度与行为产生关系。因此，在 TPB 结构模型中，行为与知觉行为控制之间的关系通常以虚线表示，如图 4-3 所示。

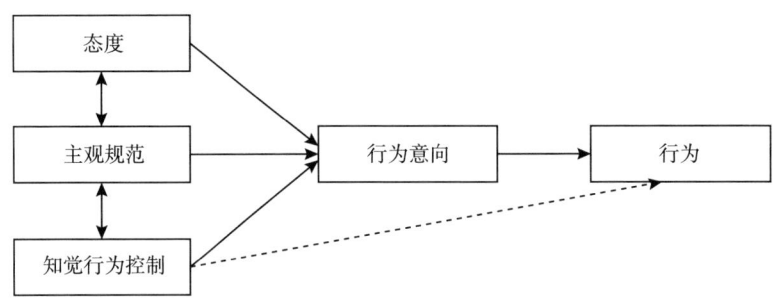

图 4-3 计划行为理论框架

4.2 研究假设和模型设定

4.2.1 支付意愿影响因素定义

(1) 态度。态度是指一个人对人、事、物或行为所抱持的正面或者负面的感受。当个体认为自己从事某行为将会带来好的结果,那么他的态度将会是正面的、接受的,进而增强其从事该行为的意向;反之,当个体认为自己从事某行为将会带来不好的结果,那么他的态度将会是否定的、拒绝的,于是其从事该行为的意向就会削减。态度同时也代表着该个体对某对象持续性的喜爱或者厌恶等预设立场以及特定行为的评价。态度由个体的行为信念和个体对行为的结果评价构成,其公式表达如下:

$$A = \sum_{i=1}^{n} B_i E_i \quad (4-2)$$

式中:A为个体行为态度;B为个体执行行为的信念;E为个体对行为的结果评价;n为信念个数。

本书将受访者对湿地生态系统服务的态度定义为包括受访者对湿地生态系统服务各个环境属性改善的支付行为信念和看法。据此,本书通过四个问题测量受访者的行为态度:①为保护三江平原湿地以避免湿地面积减少,我觉得有必要支付一定费用;②为保护三江平原湿地以避免生物多样性减少,我觉得有必要支付一定费用;③为保护三江平原湿地的自然景观,我觉得有必要支付一定费用;④为保护三江平原湿地丰富的水资源,我觉得有必要支付一定费用。

(2) 主观规范。主观规范是指个体所认定的重要个人或社会团体在个体执行某一个行为时所持有的态度带给个体的压力或影响程度。也就是说,个体在执行某一行为时所感知到的来自身边的社会压力对其是否执行此行为的影响要高于其自身的态度,即当个体感受到其认定的重要个人或者社会团体支持其行为时,个体往往更倾向于执行该行为。

主观规范通常由规范信念(即个人所认定的重要个人或团体认为其应该或者不应该执行该行为的态度和期望)和服从动机(即个人是否服从来自于重要个人或者团体的态度和期望的动机)组成。可以用以下函数表示:

$$SN = \sum_{i=1}^{n} NB_i MC_i \tag{4-3}$$

式中:SN 为主观规范;NB 为规范信念;MC 为服从动机;n 为规范信念的个数。

态度和主观规范这两者之间的相对重要性会随着具体行为、执行行为的具体情况以及个体之间的差异而有所不同。实际上,态度和主观规范的权重通常可以通过多重回归过程获得并且可以被解释为他们在行为意向预测中的相对重要性。

本书将受访者主观规范定义为影响来自于受访者周围重要意见团体的决策压力,例如家人、朋友、同事等。通过询问受访者是否会受到这些重要意见团体的影响,以及重要意见团体是否会支持受访者采取该行为。以下三个问题将用来测度受访者的主观规范,分别是:①我家里人认为应该为保护三江平原支付一定费用,所以我也愿意支付;②我朋友认为我应该为保护三江平原支付一定费用,所以我也愿意支付;③我同事认为我应该为保护三江平原支付一定费用,所以我也愿意支付。

(3)知觉行为控制。知觉行为控制是指个体对自己执行行为的信任程度,即个体在全面综合考虑自己的文化知识水平、个人掌握的技能以及资源等社会因素后对执行个人行为的可控程度的认知。通常它是个人积累的经验以及面对的困难的体现。当个体感觉自己所拥有的经历和技能越多,可利用的机会和资源越多,可预期的困难越少,其知觉行为控制变得越强,个体也

4 湿地生态系统服务非使用价值社会心理因素研究

就更倾向于执行该行为。

知觉行为控制由其控制信念和执行行为的便利性组成。控制信念指个体对自身拥有的对执行行为有利或有害的影响因素的评估。便利性是指个体执行行为时所需要的重要因素。其函数式如下：

$$PBC = \sum_{i=1}^{n} CB_i PF_i \tag{4-4}$$

式中：PBC 为知觉行为控制；CB 为控制信念；PF 为执行行为的便利性；n 为控制信念的个数。

本书将知觉行为控制定义为受访者在采取支付行为之前是否会考虑到自身的资源以及最终行为结果的控制能力，本书设计了三个问题对此进行测度，分别是：①我觉得我完全有能力为保护三江平原生态环境支付一定的费用；②我相信政府部门会对三江平原、生态环境保护经费的使用有一定的控制能力；③我相信政府一定会把经费完全用于三江平原生态环境保护。

（4）行为意向。行为意向是指个体执行行为的行为倾向，是一种认知活动，可以反映一个人对于从事某种行为或者事物的意愿，或者是有意识的计划，是预测行为的指标。Ajzen 根据过往的研究结果，认为行为意向与行为的相关度非常高，所以几乎可以将行为意向直接视为行为。

本书询问受访者对于湿地生态系统服务改善所付出代价的意愿有多高，把此意愿定义为受访者的行为意向，为此有如下定义：①是否会参加募捐活动以维持或改善湿地生态系统服务；②是否愿意为维持或改善湿地生态系统服务而付出代价。

（5）道德信念。对于环境的改善来说，个人道德信念与 WTP 是相关的。在行为学领域，道德信念对行为的重要影响不容忽视。作为公民，不同的动机会影响 WTP 决策，包括伦理和道德考量。这些道德信念在其他案例中也表现出与环境态度相关，因此，将道德变量加入到湿地生态系统服务非使用价值影响因素的研究中似乎是有道理的。研究发现：受访者道德信念与其环境行为相关。Johansson-Stenman 表示,如果经济学家逃避个人动机,却想要做好公共产品的社会经济价值估计,这是不可能的[118]。此外,Spash 认为道德变量是 WTP 的重要的解释量,可以预期,伦理与非补偿性的选择规则在对濒危物种和生态系统的影响决策中扮演着重要的角色。环境道德信念反映了人们对环境的道德认识[119]。为此,本书设置三个问题定义受访者道德认识,具体如下:①我钦佩那些为了改善生态环境,自愿参加募捐活动的人;②每当我参加了与生态环境相关的募捐活动,我都会感到高兴和满足;③如果有人在大街上向我求助,我不会拒绝。

(6)生态环境伦理观。随着环境资源评估的不断发展,不同的学者都一致认为受访者对环境改进的支付意愿与其环境和伦理信仰是密切联系的,Elena Ojea 等评价了野生动物保护价值,认为受访者在支付意愿决定的过程中,价值倾向扮演着重要的角色,这些价值倾向影响环境物品的 WTP 估值。如果研究不考虑伦理信仰,将会导致 WTP 的有偏估计[120]。鉴于日益严重的环境问题,以及环境污染引发人类对于环境的再思考,Dunlap 和 Van Liere[121]在 1978 年提出了新环境典范(New Environmental Paradigm,NEP)。Dunlap 和 Van Liere 认为当时的主流社会典范是反生态与永续的,只考虑人类本身的需求,而将自己排除于自然界之外,漠视环境对社会的影响。Dunlap 和 Van Liere 希望新环境典范的内涵能够尽量包含世界现有的生态观、平衡正负面的题数,并且符合现有的价值观,于是设置 15 题量表。而后 Dunlap 将这 15 题量表区分成五个构面,分别是增长的极限、反人类中心、自然界的平衡、反人类例外说和生态危机的可能[122]。这五个构面显示出人类对于自然环境常有的矛盾心态,一方面追求自然生态的平衡,另一方面又不愿意放弃以人类为中心的权利,NEP 的价值观虽然已经逐步被大众接受,但要真正使这种价值观深入人心,仍有赖于后期的教育与推广,本书参考 Dunlap 等人的观点,根据实际情况对量表稍作修改,以期可以更准确地获得受访者所持有的生态环境伦理观。

4.2.2 研究假设

假定对环境保护持积极态度（正常的环保态度），从家人或同伴那里得到支持（主观规范），并且相信自己有能力积极参与保护和加强环境质量（认知行为控制）的人群对环境保护有更强的支付意愿。因此，基于计划行为理论最初包含的因子，做出如下假设：

H1. 当人们对生态系统服务的支付态度更积极时，个人为生态系统服务出资的意愿更强烈。

H2. 当人们对维护生态系统服务的主观规范积极时，个人为生态系统服务出资的意愿更强烈。

H3. 当人们对维护生态系统服务的知觉行为控制提升了，个人为生态系统服务出资的意愿会更强烈。

计划行为理论探讨了态度、主观规范和知觉行为控制之间的潜在关系，表明这些变量之间存在着很高的相关性。在实际行为过程中，人们在形成自己的态度时会将他人的期望纳入考量。同时，围绕在身边的重要的人或团体的态度也会影响个人对自己行为能力的判断，也就是说，主观规范会影响知觉行为控制。综上所述，来自于那些重要的人或团体的社会压力会促进或抑制个人行为。

H4. 当人们关于生态系统服务支付的主观规范越来越积极时，个体对支付行为的态度变得更加强烈。

H5. 当人们关于生态系统服务支付的主观规范越来越积极时，个体对于支付行为的知觉行为控制会增强。

对生态系统服务的支付意愿是一种可能包含有个人道德因素以及环境观

念的意图表达。因此将个人道德信念纳入模型进行分析有着重要作用。道德认识不仅有助于预测个体态度,而且能更好地解释意图。因此引出了以下假设:

H6. 当人们对待生态系统服务的道德信念更强烈时,个体对支付行为的态度会变得更加积极。

在某行为所导致的后果的警报感下,人们会感受到给定的环境行为将会大大增强的责任与概率。这种情况使人觉得有责任来预防某种环境后果,因此迫使他们持有执行行为的态度。有些人相信他们评价的环境物品可能会产生不好的后果,那么他们会倾向于采取行动(如为避免后果而支付的态度)。因此,本书把新环境范式定义的五种环境伦理观作为变量引入概念模型,并提出如下假设:

H7. 当人们抱有增长的极限的环境意识时,个体为生态系统服务出资的态度会更积极。

H8. 当人们抱有反人类中心论的环境意识时,个体为生态系统服务出资的态度会更积极。

H9. 当人们抱有自然的平衡的环境意识时,个体为生态系统服务出资的态度会更积极。

H10. 当人们抱有反人类例外说的环境意识时,个体为生态系统服务出资的态度会更积极。

H11. 当人们抱有生态危机的环境意识时,个体为生态系统服务出资的态度会更积极。

4.2.3 结构模型设定

基于以上定义和假设,本书构建了如图 4-4 所示的支付意愿结构模型。

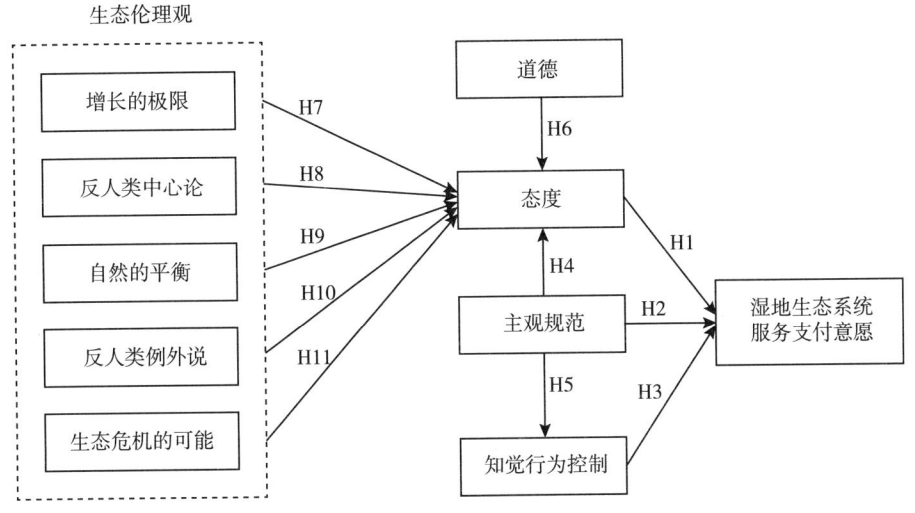

图 4-4 支付意愿结构模型

4.3 研究工具

4.3.1 结构方程模型介绍

结构方程模型（Structural Equation Model，SEM），也有学者把它称为潜在变量模型（Latent Variable Model，LVM）或者线性结构方程模型（Linear Structural Relationships，LISREL），是一种被广泛应用于心理科学、计量经济学、社会科学以及定量行为科学和管理科学的社会统计方法，为研究人员提供了一种量化和测试实质性理论的综合方法。有学者认为，结构方程模型是传统计量技术如经济计量、心理计量以及社会计量的发展产物，也是对因子分析（Factor Analysis）、方差分析（Variance Analysis）、路径分析（Path Analysis）以及多元回归分析（Multiple Regression Analysis）等统计方法的改进和提高。在市场学、经济学、管理学、心理学以及社会科学等科学领域，有时会有无法直接观测的变量，即潜变量，或者是多因素、多结果的关系的研究，这些问题都超出了传统统计方法可以解决的范围。学者们开始探索新的方法，期待可以弥补传统统计方法的缺点，帮助分析多元数据，结构方程模型应运而生。该方法属于验证性的方法，通过可以直接观测的显变量来测量无法直接观测的潜变量，提出模型假设并进行验证。使用结构方程模型的基本前提是假设需要有理论引导或者经验法则的支持。即便是对结构方程模型进行修正，也需要根据相关理论进行，因此，SEM 的前提是要有合理的理论支持。SEM 的分析过程一般为研究假设—模型构建—显变量数据收集—参数估计—拟合结果评价。其中，未知参数的估计一般采用最大似然估计（Maximum Likelihood）或者广义最小二乘估计（Generalized Least Squares）。如果模型和数据拟合不好，就需要对模型进行修正，重新设定模型，一个拟合较好的模型可能需要反复试验多次，因此，在模型估计之前，研究者需要根据专业知识以及已有的研究经验设定假设的初始模型，而结构方程的主要用途是确定该假定模型是否合理。

4.3.2 结构方程模型要素

典型的 SEM 包括两个子模型：测量模型（Measurement Equation）和结构模型（Structural Equation）[123]。测量模型指定了潜变量和它们的观察指标之间的关系，结构模型代表潜在外生和潜在内生变量之间的关系以及潜在内生变量之间的关系。

首先要了解与 SEM 有关的几个主要概念：①指标变量，一般可以直接观察或者直接测量，通常又被定义为观测变量，由于测量过程会存在测量误差,这是由于测量的不标准导致,又或者观测变量还存在无法被解释的部分,因此,观测变量一般包含测量误差,主要分为系统误差和随机误差两种。②潜变量,一般由内生潜变量和外生潜变量构成,内生变量经常会受到其他变量的影响,在因果关系中表示为"果";而外生潜变量通常只影响其他变量而不受其余任何一个变量的影响,因此在因果关系中表现为"因"。潜变量无法直接被观察到,必须通过指标变量来测量。③中介变量,是指在自变量和因变量直接起中介作用的变量,也就是说,虽然自变量对因变量没有直接影响,但却可以通过中介变量对因变量产生间接影响。中介变量可以分为完全中介(Full Mediation)和部分中介(Partial Mediation),完全中介指自变量完全通过中介变量对因变量产生作用,一旦失去中介变量,因变量和自变量之间的关系就不成立。部分中介是指自变量一边对因变量有直接作用,同时也通过中介变量对因变量有间接作用。④调节变量,调节变量所起的作用称为调节作用,如果两个变量之间存在关系,但是它们的关系受到第三个变量的影响,那么这个第三变量就是调节变量,调节变量要影响自变量和因变量之间的关系,既可以是对方向的影响,也可以是对关系强度的影响。⑤控制变量,指与特定研究目标无关的非研究变量,但又是会影响研究结果的需要加以考虑的变量,是研究者重点研究的解释变量和因变量以外的所有能影响因变量的变量。

测量模型主要描述潜变量和观测变量(指标)之间的关系,通常由如下测量方程描述:

$$y = \Lambda_y \eta + \varepsilon \quad (4-5)$$

$$x = \Lambda_x \xi + \delta \quad (4-6)$$

方程(4-5)和方程(4-6)即为测量模型。表示隐变量与显变量之间的关系,即隐变量通过显变量来定义。其中方程(4-5)将隐变量 η 连接到显变量 y;方程(4-6)将隐变量 ξ 连接到显变量 x。矩阵 Λ_x 和 Λ_y 分别是 x 对 ξ 和 y 对 η 的反映其关系强弱程度的系数矩阵,可以解释为相关系数,也可以理解为因子分析中的因子载荷。ε和δ分别表示y和x的测量误差。在结构方程模型中，测量误差需要满足以下假设：①均值为0，方差为常数；②不存在序列相关；③与结构方程误差不相关。结构模型描述潜变量之间的关系，一般用方程（4-7）表示：

$$\eta = B\eta + \Gamma\xi + \xi \tag{4-7}$$

方程（4-7）即为结构方程模型，表示了潜变量之间的关系。内生潜变量和外生潜变量之间通过B和Γ系数矩阵以及误差向量ξ联系起来，其中，Γ表示外生潜变量对内生潜变量的影响，B代表内生潜变量相互之间的影响，ξ表示结构方程模型的误差项。其必须满足以下几点：①均值为0，方差为常数；②不存在序列相关；③与外生隐变量不相关。

4.3.3 结构方程模型的优点

应用SEM首先可以消除理论和经验之间的差距。其次它降低了结构模型的衰减性，因为测量模型的解释变量清除了测量模型的测量误差。最后，SEM降低了多重共线性的问题[124]。具体分析如下：

（1）结构方程模型可以同时处理和考虑多个因变量。与传统的回归分析或路径分析相比，传统的回归分析或者路径分析在计算回归系数或者路径系数时，是对每一个因变量逐个计算，于是在计算某一个因变量的影响或者关系时，由于不能同时考虑多个因变量而忽略了其他因变量的存在和影响。

（2）允许因变量和自变量存在测量误差。诸如行为和态度等测量变量，往往不能用单一的指标简单测量，因此存在误差是不可避免的。结构方程模型允许因变量和自变量的测量误差的存在。而变量也可以通过多个指标来测量，与传统回归假定自变量不存在误差相比，结构方程模型的拟合结果将更准确。

（3）可同时估计潜变量与潜变量之间的关系以及潜变量与指标之间的

关系。传统分析方法要获得潜变量之间的相关关系，首先需要通过指标对每个潜变量进行测量，通过因子分析计算每个潜变量（即因子）与指标的关系（即因子载荷），进而获得因子得分，以此作为潜变量的观测值，再通过得到的观测值计算潜变量之间的相关系数。这是两个独立的、互补的相关步骤。在结构方程模型中，这两步可以同时开展，即可以同时考虑因子与题目之间的关系以及因子与因子之间的关系。

（4）允许测量模型更大弹性。传统建模技术对模型有很多限定，难以处理多个因子共同拥有一个指标或者更为复杂的从属关系的高阶因子模型，比如只允许一个指标从属于一个因子，但结构方程模型允许模型更复杂地处理。

（5）可以估计整体拟合程度。结构方程模型可以同时进行因子分析和路径分析，与传统的路径分析只能估计单一路径系数（变量之间关系强弱）不同，结构方程可以针对一个样本数据拟合不同的结构模型，并通过估计的参数值得到更能接近数据所呈现的关系的最优拟合模型。

4.3.4 结构方程模型分析步骤

结构方程模型分析必须遵循严格的步骤，一般来说，构建结构方程模型需要经过以下七个基本步骤：相关理论探究、界定测量模型、界定结构模型、测量抽样调查、模型参数判别、模型适配判断、结果解释与讨论。其中相关理论探究主要是为了确定研究目的以及主要变量，通过查阅已有相关文献和成果资料，考察变量之间存在的因果关系，为模型设定做好理论基础准备；界定测量模型主要的目的是为了模型中的主要变量定义测量指标，使模型具有可识别性；界定结构模型步骤主要是依据第一步的理论基础确定潜在变量之间存在的关系，描绘关系图。测量抽样调查是通过设计调查问卷，从总体样本中进行随机抽样，对抽样样本进行调查，获得调查数据；模型参数判别部分就是通过各种软件对结构方程模型的参数进行估计，得到结构图中各个路径的系数；模型适配阶段就是根据得到的模型参数来判别模型是否合适，是否可以通过检验，如果合适，就完成估计，得出结果，做出解释和讨论；如果不合适，则需要对模型进行修正后重新估计。具体如图4-5所示。

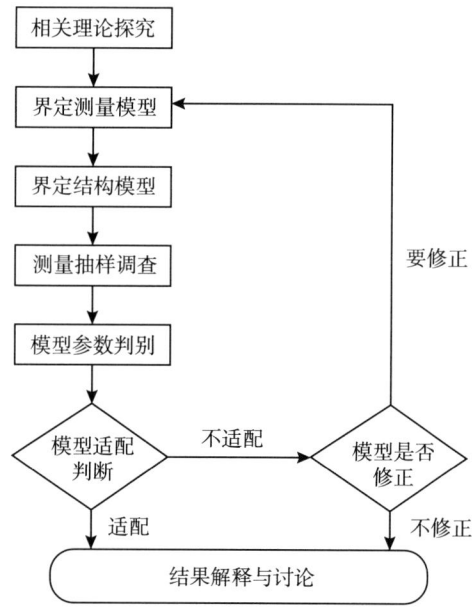

图4-5 结构方程模型分析步骤

4.3.5 结构方程模型适配指标

结构方程模型适配指标是从各方面来评价假设模型是否能够解释观察资料所呈现的状况，或者是说明理论模型与实际观察得到的资料的差距有多少。适配度指标分为整体模型适配度指标、比较适配度指标、精简适配度指标、测量模型适配度指标以及结构模型适配度指标五大类。

结构方程模型的基本适配标准主要有以下五项：①不能出现负的误差变

4 湿地生态系统服务非使用价值社会心理因素研究

异；②误差变异必须达到显著水平；③估计参数之间的相关系数的绝对值不能太接近于 1；④因素负荷量（Factor Loading）不能太低（<0.5）或者太高（>0.95）；⑤不能存在很大的标准误差。当违反以上标准时，表示评价的模型中可能存在问题。若没有出现以上五条基本标准，则可进一步进行模型适配度指标检验。SEM 适配指标及适配标准整理如表 4-1 所示。

表 4-1　SEM 适配指标及适配标准

指标类型	指标名称	适配标准或临界值	适用情形
整体模型适配度指标	卡方值（X^2）	P<0.05，越小越好	说明模型的解释力
	标准化均方根残差（RMSEA）	0~1 之间，<0.08	不受样本数与模型复杂度影响
	非集中性参数（NCP）	越接近 0 越好	说明假设模型距离中央性卡方的程度
	适配度指标（GFI）	0~1 之间，>0.9	说明模型解释力
	修正适配度指标（AGFI）	0~1 之间，>0.9	不受模型复杂度影响
	均方根残差（RMR） 标准化均方根残差（SRMR）	大于 0，<0.06	修正模型时可以参考
	R 平方值	0~1 之间，越大越好	说明模型的解释力
比较适配度指标	非正规化适配指标（NNFI）	0~1 之间，>0.9	比较两对立模型之间的适配度
	正规化适配指标（NFI）	0~1 之间，>0.9	说明模型的改善程度
	增值适配指标（CFI）	0~1 之间，>0.9	说明模型的改善程度，特别适合小样本
	期望交叉验证指标（ECVI）	越小越好	比较模型在不同样本中是否适用
精简适配度指标	卡方值/自由度（X^2/df）	2~5	不受模型复杂度影响
	精简正规化适配指标（PNFI）	0~1 之间，>0.5	说明模型的简单程度
	Akaike 讯息指标（AIC）/一致 Akaike 讯息指标（CAIC）	越小越好	适用于模型比较
	CN 关键样本数	>200	反映样本规模的适合性
测量模型适配度指标	CR 组合信度	0~1，>0.6	检测测量模型的信度
	平均变异数萃取量 AVE	0~1，>0.5	检测测量模型的效度
结构模型适配度指标	路径系数符号	+或-是否符合研究预期	检验研究假设
	参数估计	t 值绝对值>1.96	检验研究假设

4.4 问卷设计与调查

4.4.1 问卷设计

本次调研的问卷除了引导语部分,一共分为五个部分:第一部分是受访者支付行为倾向和道德信念的调查;第二部分是选择实验部分以获取受访者对湿地生态系统服务的支付意愿;第三部分是计划行为理论基础部分,通过设置的相关问题对受访者态度、主观规范以及知觉行为控制几个方面进行提问;第四部分是基于新生态范式的受访者的环境观的调查,用于确定受访者的生态环境观;第五部分用于收集受访者个人基本信息,具体涵盖受访者的年龄、性别、家庭年收入以及受教育程度等。具体如下:

第一部分为受访者支付行为意向与道德信念调查,主要调查受访者为湿地生态环境改善愿意做出支付行为的倾向,记为 WTP1~WTP2(如表4-2所示),以及受访者自身的道德信念,记为 NORM1~NORM3(如表4-3所示)。

表 4-2 支付行为意向量表

题号	问项
WTP1	如果有相关的募捐活动,我愿意拿出一些钱用来保护三江平原湿地的生态环境
WTP2	只要负担得起,我愿意为类似保护三江平原湿地这样的公益活动捐款

4 湿地生态系统服务非使用价值社会心理因素研究

表 4-3 道德信念量表

题号	问项
NORM1	我钦佩那些为了改善生态环境,自愿参加募捐活动的人
NORM2	每当我参加了与生态环境相关的募捐活动,我都会感到高兴和满足
NORM3	如果有人在大街上向我求助,我不会拒绝

第二部分为支付意愿部分,为本问卷的核心部分。类似湿地这样的环境资源,不同的管理政策将产生不同的效果,即使想维持现有水平不变,也需要全社会的共同努力。基于选择实验法,通过设置湿地生态系统服务改善计划选择集,让受访者结合自己的实际情况在三江平原湿地未来不同的管理水平下做出真实选择。这部分将在后续第五章作详细叙述。

受访者在完成选择实验的过程中,零支付意愿是不可避免的,即受访者拒绝为三江平原湿地生态系统服务的改善而付出代价,对受访者拒绝支付的原因进行调查分析,可以为保护湿地环境的政策制定提供可靠的依据,因此,在调研过程中,对于拒绝支付的受访者继续询问其不愿意对三江平原湿地进行保护的原因,问卷列举了几种可能的答案供受访者选择,如"现在三江平原湿地景观状况很好,不需要保护""我希望进行三江平原环境保护,但是我没有能力支付任何费用""我希望进行三江平原环境保护,但是我觉得应该是政府的责任""三江平原湿地离我很远,顾不上保护""我不相信政府能把钱用到环境保护上"以及其他原因等。

第三部分为计划行为理论部分,设置态度、主观规范和知觉行为控制 3 个量表共 10 个题项,分别调查受访者态度,记为 ATT1~ATT4(如表 4-4 所示);主观规范,记为 SN1~SN3(如表 4-5 所示)以及知觉行为控制,记为 PBC1~PBC3(如表 4-6 所示)。

表 4-4 态度量表

题号	问项
ATT1	为保护三江平原湿地的生物多样性和丰富性，我觉得有必要支付一定费用
ATT2	为保护三江平原湿地以避免湿地面积减少，我觉得有必要支付一定费用
ATT3	为保护三江平原湿地的自然景观，我觉得有必要支付一定费用
ATT4	为保护三江平原湿地丰富的水资源，我觉得有必要支付一定费用

表 4-5 主观规范量表

题号	问项
SN1	我家里人认为应该为保护三江平原支付一定费用，所以我也愿意支付
SN2	我朋友认为我应该为保护三江平原支付一定费用，所以我也愿意支付
SN3	我同事认为我应该为保护三江平原支付一定费用，所以我也愿意支付

表 4-6 知觉行为控制量表

题号	问项
PBC1	我觉得我完全有能力为保护三江平原生态环境支付一定的费用
PBC2	我相信政府部门会对三江保护经费的使用有一定的控制能力
PBC3	我相信政府一定会把经费完全用于三江平原的生态环境保护上

第四部分为生态环境伦理观的测定，如表 4-7 所示。从增长的极限、反人类中心论说、自然的平衡、反人类例外说、生态危机的可能五种不同主要调查受访者对环境的五种环境伦理观，分别定义为增长的极限：NEP1，NEP6，NEP11；反人类中心论说：NEP2，NEP7，NEP12；自然的平衡：NEP3，NEP8，NEP13；反人类例外说：NEP4，NEP9，NEP14；生态危机的可能：NEP5，NEP10，NEP15。

4 湿地生态系统服务非使用价值社会心理因素研究

表 4-7　生态环境伦理观量表

题号	问　项
NEP1	我们正在接近地球可以支撑的人口极限
NEP2	人类有权改造自然以满足其需要
NEP3	人类干扰自然，常常会产生灾难性后果
NEP4	人类的智慧将保证我们不会使地球变得不可居住
NEP5	人类正肆意地破坏地球
NEP6	如果知道如何开发，地球资源将用之不竭
NEP7	动植物与人类一样有生存的权利
NEP8	自然平衡足够强大，足以应付现代工业国家带来的影响
NEP9	尽管人类有特殊能力，但人类仍然受自然规律支配
NEP10	所谓人类面临的生态危机被过分夸大了
NEP11	地球如同一个宇宙飞船，其空间和资源都很有限
NEP12	人类生来就是要驾驭自然的
NEP13	自然的平衡十分脆弱，易被破坏
NEP14	人类最终将会控制自然
NEP15	如果事态按现在的情况发展下去，我们将很快经历一次大的生态灾难

第五部分为受访者个人社会特征测量，主要调查受访者性别、年龄、收入以及教育程度等基本社会属性。

除受访者个人社会特征和支付意愿部分，问卷中所有测量问项均采用里克特五点评分法，回答选项设计为"完全同意""同意""不确定""不太同意"以及"完全不同意"五个等级，为保证问卷具有较高的可靠性和有效性，第五部分生态环境伦理观的问题由于设置的条目偏多，受访者容易出现一选到底或者胡乱答题的可能，因此，每个因子均设置反意题项，并且在处理问卷数据时均先将反意题项的得分作逆向处理，最终根据问项内容对受访者支付意愿的影响程度，从弱到强依次赋值 1、2、3、4、5。

4.4.2 正式调查

根据在预先测试中得到的经验,正式调查在 2014 年的 7~8 月进行,调查小组成员由博士研究生、硕士研究生、本科生组成,并事先接受了相关问卷内容的培训。调查小组成员在进行面访前都要给受访者先进行简短的内容说明,因为受访者所受教育水平的不同,在不熟悉假定情境下做出偏好选择的问题,这种情况将不利于数据集的收集,因此提前给予一定的内容培训,可以减少由于对问题误解所引起的偏差。培训内容包括对所有问题和潜在问题的仔细解释和讨论。采用任意抽样调查,结合调查区域的特征,根据调查区域人口比例确定样本数量分布,最终发放问卷 500 份(每个版本问卷发放 100 份,每人完成 5 次方案优选调查),回收的问卷总数为 420 份,剔除缺失和极端数据之后得到有效问卷 394 份,问卷平均有效率为 93.8%。具体问卷发放回收情况如表 4-8 所示。

表 4-8 问卷发放与回收统计

调查问卷发放地点	发放份数(份)	回收份数(份)	回收率(%)	有效份数(份)	有效率(%)
哈尔滨市	52	40	76.9	36	90.0
鹤岗市	48	40	83.3	38	95.0
黑河市	40	33	82.5	31	93.9
鸡西市	62	50	80.6	46	92.0
佳木斯市	180	155	86.1	148	95.5
双鸭山市	60	52	86.7	51	98.1
七台河市	58	50	86.2	44	88.0
总计	500	420	84.0	394	93.8

4 湿地生态系统服务非使用价值社会心理因素研究

4.5 描述性统计分析

描述性统计分析是对样本数据进行各种特征的分析,以便更好地描述测量样本数据所包含的全部信息以及测量样本所代表的总体的特征,分析样本数据的可靠性以及分布的均匀程度可避免由于抽样不均而造成的误差。本书利用 SPSS 软件进行描述性分析,统计分析受访者的社会特征(性别、年龄、职业、个人收入、受教育程度等),同时分析和说明变量的各项统计指标。

4.5.1 样本人口信息统计

根据回收的受访者样本的性别、年龄、受教育程度及个人月收入的情况,运用 SPSS 23.0 统计软件对 394 份有效问卷的人口统计学特征进行统计分析,具体结果如表 4-9 所示。

表 4-9 受访者社会人口信息统计

变量	描述	定义	样本比例(%)
性别	男	SEX=0	47.72
	女	SEX=1	52.28
年龄	18 岁以下	AGE=1	7.11
	18~25 岁	AGE=2	17.77
	26~39 岁	AGE=3	37.56
	40~59 岁	AGE=4	28.42
	60 岁以上	AGE=5	9.14

续表

变量	描述	定义	样本比例（%）
受教育程度	小学及以下	EDU=1	7.61
	初中	EDU=2	23.86
	高中	EDU=3	33.50
	大学	EDU=4	30.46
	研究生及以上	EDU=5	4.57
个人月收入（元）	5千以下	INC=1	36.55
	5千~1万	INC=2	12.18
	1万~3万	INC=3	25.89
	3万~5万	INC=4	14.21
	5万~10万	INC=5	7.61
	10万以上	INC=6	3.55

此次抽样调查涵盖了学生、教师科研人员、公司职员、医务人员、公务员、商人、工人、农民、退休等所有行业。数据统计结果表明：①受访者性别分布比较接近，其中男性比例约为47.72%，女性比例约占52.28%，女性略高于男性，这与面访过程中男女易接受的程度有关，实际发放问卷过程中，女性一般更容易接受访问；②年龄主要分布在18~60岁，约占受访者比例的83.75%，其他年龄如小于18岁和大于60岁的比例较少，只占到16.25%，这符合调查时段的游客的年龄规律；③从受访者的受教育程度来看，受访者文化教育程度集中在初中、高中和大学水平阶段，约占整个受访者比例的87.82%，小学以下及研究生以上的受访者比例偏少，仅占12.18%，符合我国教育水平规律；④从收入水平来看，受访者的月收入在5000元以下的最多，其次主要集中在1万~3万元/月，符合当地收入特征。总体看来，调查样本数据基本特征结构合理且符合正态分布，可以代表整体样本，减少了因为样本分布不均匀容易造成的误差，因此分析是具有实际意义的。

4.5.2 抗议支付原因分析

选择实验法是基于个体对湿地生态系统服务属性的改善意愿对环境资源进行评估的方法，因此需要对愿意为了改善环境而支付的受访者以及拒绝支付的受访者进行分析，以此来提高选择实验法估算结果的可靠性，通过分析发现，394份有效调查问卷中，有345位（约占受访者比例的87.65%）受访者选择了方案A或方案B选项，也就是愿意为了三江平原湿地生态系统服务属性的改善付出一定的代价，余下49位受访者选择了对三江平原不进行任何保护的C方案。说明大部分受访者对于湿地生态环境的改善都持有改善意愿，少部分受访者会因为各种原因导致拒绝为湿地生态系统服务的改善付出代价，而对这部分人群出现拒绝支付的原因进行调查和分析，可以清楚干扰环境保护措施的症结所在，为未来环境政策的制定提供夯实的依据，因此，在调研过程中，对于C选项的受访者继续询问其拒绝支付的原因，如"现在三江平原湿地景观状况很好，不需要保护""我希望进行三江平原环境保护，但是我没有能力支付任何费用""我希望进行三江平原环境保护，但是我觉得应该是政府的责任""三江平原湿地离我很远，顾不上保护""我不相信政府能把钱用到环境保护上"以及"其他原因"等。

调查分析结果如表4-10所示，受访者拒绝支付的原因各不相同，但与第一次调查结果类似，有两类原因比较突出，而且都体现出与政府相关，其中高达46.9%的受访者认为应该进行三江平原环境保护，但是觉得不应该由个人承担，而应该是政府的责任。18.4%的受访者对政府行为存在不信任感，不相信政府能把钱用到环境保护上。这说明人们对政府的公信力出现了危机意识，政府以及环保相关部门平时除了要加大宣传公民环境意识的同时，更应该透明政府支出项目，及时公布环保政策的实施情况，努力通过各种途径提高公民对环保项目落实的信心和责任心。有12.2%的受访者因为距离远而拒绝支付,这符合支付意愿的距离衰减性。28.6%的受访者表示虽然愿意享受环境的改善带来的效益,但是由于自身经济条件不允许而拒绝支付,这部分居民一旦收入提高,他们也将成为愿意为环境改善而努力的一分子,这表明居民在面对是否支持一项政府项目的决定时,除了会考虑项目本身为其带来的效益外,还会考虑目前的经济条件是否允许,收入往往是决定个人做出经济行为的一个不可忽略的因素。此外,有8.2%的受访者认为现在三江平原湿地景观状况很好,不需要保护,这部分受访者往往缺乏一定的环保意识,还有4.1%的受访者存在诸如对环境状况不在乎等其他原因,这说明政府在未来的环保工作中,要将提高居民的环保意识作为首要任务。

表4-10 受访者拒绝支付原因

拒绝支付原因	人数（个）	百分比（%）
现在三江平原湿地景观状况很好,不需要保护	4	8.2
我希望进行三江平原环境保护,但是我觉得应该是政府的责任	23	46.9
三江平原湿地离我很远,顾不上保护	6	12.2
我没有能力支付任何费用	14	28.6
其他原因	2	4.1

4.6 SEM数据分析

4.6.1 SEM变量描述性统计分析

为了解受访者对湿地生态系统服务选择的各种影响因素的观测变量情

4 湿地生态系统服务非使用价值社会心理因素研究

况,本书在问卷中题项的衡量上,都以里克特五点量表来进行衡量(完全同意 5 分,同意 4 分,不确定 3 分,不太同意 2 分,完全不同意 1 分)。运用 SPSS 软件,对潜变量分类并对各观测变量进行描述性统计分析,统计各观测变量的最大值、最小值和均值。统计结果如表 4-11 所示。

表 4-11 态度统计

潜变量	观测变量	N	最大值	最小值	均值(SD)
态度(ATT)	ATT1	394	5	1	3.62(1.03)
	ATT2	394	5	1	3.69(0.96)
	ATT3	394	5	1	3.68(0.99)
	ATT4	394	5	1	3.76(0.96)

如表 4-11 所示,在态度方面,受访者最认同的是"为保护三江平原湿地丰富的水资源,我觉得有必要支付一定费用"(均值=3.76,SD=0.96),其次是"为保护三江平原湿地以避免湿地面积减少,我觉得有必要支付一定费用"(均值=3.69,SD=0.96),再次是"为保护三江平原湿地的自然景观,我觉得有必要支付一定费用"(均值=3.68,SD=0.99),得分相对较低的是"为保护三江平原湿地的生物多样性和丰富性,我觉得有必要支付一定费用"(均值=3.62,SD=1.03)。可见受访者对水资源的环保意识最为强烈。

如表 4-12 所示,在主观规范方面,当本书调查身边哪些人群的意见会影响受访者的决策时,受访者认为家人的意见最会影响自己采取环保行为而付出的代价(均值=3.44,SD=0.94)。可见受访者认为家人不仅会支持自己采取的环保行为,也是最能够支持自己的人。另外,朋友不管是在支持还是影响力的力度上都逊色于家人与同事(均值=3.33,SD=0.89)。

湿地生态系统服务非使用价值评价研究

表 4-12 主观规范统计

潜变量	观测变量	N	最大值	最小值	均值（SD）
主观规范 （SN）	SN1	394	5	1	3.44（0.94）
	SN2	394	5	1	3.33（0.89）
	SN3	394	5	5	3.34（0.93）

如表 4-13 所示，在知觉行为控制方面，结果比较有趣，受访者最认同的是"我相信政府部门会对三江保护经费的使用有一定的控制能力"（均值=3.55，SD=1.09），而最不认同的是"我相信政府一定会把经费完全用于三江平原生态环境保护上"（均值=3.29，SD=1.13），这表明，受访者在相信政府具有实施能力的同时，又对其经费的完全落实情况表示质疑，这意味着政府在平时政策的制定以及落实过程中，经费支出缺乏透明度，未能完全赢得老百姓的信任。

表 4-13 知觉行为控制统计

潜变量	观测变量	N	最大值	最小值	均值（SD）
知觉行为控制 （PBC）	PBC1	394	5	1	3.44（1.11）
	PBC2	394	5	1	3.55（1.09）
	PBC3	394	5	1	3.29（1.13）

受访者道德信念的测量结果如表 4-14 所示，受访者最为认同的是"我钦佩那些为了改善生态环境，自愿参加募捐活动的人"（均值=4.06；SD=0.87），说明受访者乐于看到愿为改善生态环境而自愿参加募捐活动的人。其次认同的是"每当我参加了与生态环境相关的募捐活动，我都会感到高兴和满足"（均值=3.89，SD=0.92），最没有认同感的是"如果有人在大街上向我求助，我不会拒绝"（均值=3.81，SD=0.91）。这意味着人们具备一定的环保意识并且赞同环保行为的实施，但是对于环保以外的助人行为

4 湿地生态系统服务非使用价值社会心理因素研究

存在疑虑,这说明人们存在一定的道德危机感,即对于普通的求助行为会因为质疑其真实性而拒绝给予帮助,如何提高社会整体的道德信任感,这也是政府未来应该重视、补强与努力之处。

表 4-14 道德信念统计

潜变量	观测变量	N	最大值	最小值	均值(SD)
道德信念 (NORM)	NORM1	394	5	1	4.06 (0.87)
	NORM2	394	5	1	3.89 (0.92)
	NORM3	394	5	1	3.81 (0.91)

环境伦理观方面,如表 4-15 所示,"动植物与人类一样有生存的权利"获得了最高的认同分数(均值 = 4.02,SD = 0.97),其次是"人类干扰自然,常常会产生灾难性后果"(均值 = 3.95,SD = 0.84),"我们正在接近地球可以支撑的人口极限"(均值 = 3.94,SD = 0.81),获得 3 分以下认同分数的分别有"自然平衡足以强大,足以应付现代工业国家带来的影响"(均值 = 2.94,SD = 1.11),"所谓人类面临的生态危机被过分夸大了"(均值 = 2.96,SD = 1.11),"人类生来就是要驾驭自然的"(均值 = 2.86,SD = 1.19)以及"人类最终将会控制自然"(均值 = 2.79,SD = 1.19),这个结果充分显示,人类已经切实感受到了当前面临的生态危机,充分意识到自然平衡的破坏会带给人们严重的损害。

表 4-15 环境价值观统计

潜变量	观测变量	N	最大值	最小值	均值(SD)
环境理论观 (NEP)	NEP1	394	5	1	3.94 (0.81)
	NEP2	394	5	1	3.27 (1.18)
	NEP3	394	5	1	3.95 (0.84)
	NEP4	394	5	1	3.31 (1.05)

续表

潜变量	观测变量	N	最大值	最小值	均值（SD）
环境理论观（NEP）	NEP5	394	5	1	3.90（0.88）
	NEP6	394	5	1	3.11（1.17）
	NEP7	394	5	1	4.02（0.97）
	NEP8	394	5	1	2.94（1.11）
	NEP9	394	5	1	3.78（0.91）
	NEP10	394	5	1	2.96（1.11）
	NEP11	394	5	1	3.85（0.91）
	NEP12	394	5	1	2.86（1.19）
	NEP13	394	5	1	3.79（0.98）
	NEP14	394	5	1	2.79（1.19）
	NEP15	394	5	1	3.86（0.89）

支付意愿如表4-16所示，得分最高的是"只要负担得起，我愿意为类似保护三江平原湿地这样的公益活动捐款"（均值=3.87，SD=0.89），"如果有相关的募捐活动，我愿意拿出一些钱用来保护三江平原湿地的生态环境"这个问项虽然没有得到最高分，但也得到了3.77的均值，说明大部分受访者支持保护三江平原湿地的募捐行为，但是更多的受访者会考虑自身的经济承受力，这符合消费者购买行为特征。

表4-16 支付意愿统计

潜变量	观测变量	N	最大值	最小值	均值（SD）
支付意愿（WTP）	WTP1	394	5	1	3.77（0.94）
	WTP2	394	5	1	3.87（0.89）

4.6.2 共同方法偏差检验

共同方法偏差（Common Method Biases）是指因数据来源相同或者评分者、同样的测量环境、项目语境和项目本身特征所造成的预测变量与效标变量之间人为的共变，是测量工具本身所导致的系统误差。共同方法偏差存在混淆研究结果的可能，并且会对研究结论产生潜在的误导。控制共同方法偏差的方法主要有程序控制和统计控制两种。程序控制是在量表设计和量表测量过程中采取的控制措施，尽管本书在问卷数据的收集过程中重视对调研者进行专业的培训并且对受访者强调匿名、保密等说明以便进行程序控制，但本章中的所有量表均是由课题组成员内部提供评价，仍有可能存在因共同评价者效应而产生的共同方法偏差。因此，仅通过程序控制无法完全消除共同方法偏差的问题。本书仍然需要通过统计控制的方法对研究中的共同方法偏差问题进行检验和控制。Harman 单因素检验法可以实现共同方法偏差的统计控制，Harman 单因素检验法通过把研究中的所有观测变量放到一个探索性因子分析中，运用主成分分析法，检验未旋转的因子分析结果，如果只析出一个因子或某个因子解释了大部分的方差变异，就说明存在严重的共同方法偏差。

为了探索共同方差对本书研究内容的影响，通过 SPSS 完成 Harman 单因素检验，将所有观察变量纳入一个探索性因子分析中发现，未旋转的因子分析结果显示共析出了 10 个因子，该 10 个因子的方差变异解释率为 82.45%，且其中第一个因子的方差变异解释率为 14.56%，小于 40%，分析结果说明研究虽然不能保证完全控制共同方法偏差的存在，但是本书中共同方法偏差问题不严重。

4.6.3 信度分析

本书根据信度分析的方法，对调查结果进行信度分析。如表 4-17 所示，问卷整体的 Cronbach's α 值为 0.835，问卷具有较好的内部一致性。

表 4-17 各变量的 Cronbach'α 值的检验结果

潜变量	观测变量	CITC	删除项后的 Alpha	部分量表的 Cronbach's α 系数	总体量表的 Cronbach's α 系数
态度（ATT）	ATT1	0.851	0.941	0.949	
	ATT2	0.918	0.920		
	ATT3	0.874	0.776		
	ATT4	0.864	0.937		
主观规范（SN）	SN1	0.802	0.939	0.929	
	SN2	0.900	0.861		
	SN3	0.863	0.890		
知觉行为控制（PBC）	PBC1	0.683	0.889	0.874	
	PBC2	0.788	0.795		
	PBC3	0.805	0.778		
道德信念（NORM）	NORM1	0.552	0.650	0.646	
	NORM2	0.648	0.588		
	NORM3	0.336	0.770		
增长的极限（ZZJX）	NEP1	0.651	0.693	0.789	0.835
	NEP6	0.636	0.706		
	NEP11	0.604	0.741		
反人类中心论说（FRLZX）	NEP2	0.817	0.860	0.905	
	NEP7	0.826	0.853		
	NEP12	0.794	0.881		
自然的平衡（ZRPH）	NEP3	0.770	0.802	0.871	
	NEP8	0.731	0.840		
	NEP13	0.759	0.813		

4 湿地生态系统服务非使用价值社会心理因素研究

续表

潜变量	观测变量	CITC	删除项后的Alpha	部分量表的Cronbach's α 系数	总体量表的Cronbach's α 系数
反人类例外说（FRLLW）	NEP4	0.719	0.853	0.873	
	NEP9	0.789	0.792		
	NEP14	0.768	0.813		
生态危机的可能（STWJ）	NEP5	0.698	0.737	0.823	
	NEP10	0.614	0.821		
	NEP15	0.726	0.706		
支付意愿（WTP）	WTP1	0.813	0.644	0.829	
	WTP2	0.821	0.623		

如表4-17所示，量表中呈现了10个维度的Cronbach's α 系数，道德信念的Cronbach's α 系数为0.646，说明需要对题项进行修改或者删除，观察道德信念的观测变量NORM3的CITC值为0.336，小于0.5，但是其删除后的Alpha值为0.770，说明只要删除道德信念的观测变量NORM3，即可提高道德信念的Cronbach's α 系数。

如表4-18所示，对题项3进行了删除处理之后发现所有量表中的维度的Cronbach's α 系数都明显大于0.7，这表明，进行量表修改后，将量表划分为10个维度是可行的。同时，修改后量表中各观测变量的CITC值都大于0.5，说明单个指标的可靠性程度较高，因此，问卷中各变量的内部一致性较高，无需再对各变量和相关指标进行修改。

表4-18 修正后的道德信念变量信度分析

潜变量	观测变量	CITC	删除项后的Alpha	Cronbach's α
道德信念（NORM）	NORM1	0.541	0.758	0.770
	NORM2	0.611	0.684	

4.6.4 效度分析

利用 SPSS Statistics 23 中的因子分析进行 KMO 和 Bartlett's 球形度检验,计算结果如表 4-19 所示。

表 4-19 KMO 和 Bartlett's 球形度检验结果

KMO 取样适切性量表		0.869
Bartlett's 球形度检验	近似卡方	16384.619
	自由度	378.000
	显著性	0.000

由表 4-19 可见,KMO 值大于 0.7,显著性为 0.000,说明检测结果较好,因此判定可以对调研数据进行因子分析,问卷整体结构有效。利用 SPSS Statistics 23 对各潜变量进行效度分析,分析结果如表 4-20 所示。

表 4-20 态度效度分析

观测变量	因素载荷	KMO	Bartlett χ^2	P	解释率(%)
ATT1	0.838	0.704	3237.977	0.000	86.753
ATT2	0.914				
ATT3	0.865				
ATT4	0.853				

态度量表的因子分析结果如表 4-20 所示,各观测变量生成一个因子,量表的 KMO 值为 0.704,Bartlett χ^2 检验显著,解释率为 86.753%,各观测变量的因素荷载均大于 0.5。因此,态度量表的结构效度良好,所收集的数据适合进行因子分析。

4 湿地生态系统服务非使用价值社会心理因素研究

主观规范量表的因子分析的结果如表 4-21 所示,各观测变量生成一个因子,量表的 KMO 值为 0.733,Bartlett χ^2 检验显著,解释率为 87.672%,各观测变量的因素荷载均大于 0.5。因此,主观规范量表的结构效度良好,所收集数据适合进行因子分析。

表 4-21 主观规范效度分析

观测变量	因素载荷	KMO	Bartlett χ^2	P	解释率(%)
SN1	0.908				
SN2	0.958	0.733	2059.069	0.000	87.672
SN3	0.942				

知觉行为规范量表的因子分析的结果如表 4-22 所示,各观测变量生成一个因子,量表的 KMO 值为 0.714,Bartlett χ^2 检验显著,解释率为 80.033%,各观测变量的因素荷载均大于 0.5。因此,知觉行为控制量表的结构效度良好,所收集数据适合进行因子分析。

表 4-22 知觉行为控制效度分析

观测变量	因素载荷	KMO	Bartlett χ^2	P	解释率(%)
PBC1	0.912				
PBC2	0.921	0.714	1317.211	0.000	80.033
PBC3	0.849				

道德信念因子分析的结果如表 4-23 所示,道德信念的 NORM3 的因素荷载为 0.541,偏小,说明此观测变量并不能很好地解释道德信念潜变量,道德信念因子分析的解释率为 56.076%,小于评判标准,说明该道德信念量表的因子分析效果不理想,删除 NORM3 后对道德信念量表重新进行因子分析。

表 4-23 道德信念效度分析

观测变量	因素载荷	KMO	Bartlett χ²	P	解释率（%）
NORM1	0.790	0.714	763.953	0.000	56.076
NORM2	0.850				
NORM3	0.541				

修正后的道德信念的因子分析结果如表 4-24 所示，道德信念的 KMO 值大于 0.6，Bartlett χ² 检验显著，解释率为 68.573%，各观测变量的因素荷载均大于 0.5。因此，修正后的道德信念的结构效度良好。

表 4-24 修正后的道德信念效度分析

观测变量	因素载荷	KMO	Bartlett χ²	P	解释率（%）
NORM1	0.834	0.678	653.880	0.000	68.573
NORM2	0.866				

增长的极限量表的因子分析结果如表 4-25 所示，增长的极限的 KMO 值为 0.704，Bartlett χ² 检验显著，解释率为 70.438%，各观测变量的因素荷载均大于 0.5。因此，增长的极限量表的结构效度良好，所收集数据适合进行因子分析。

表 4-25 增长的极限效度分析

观测变量	因素载荷	KMO	Bartlett χ²	P	解释率（%）
NEP1	0.852	0.704	703.513	0.000	70.438
NEP6	0.844				
NEP11	0.822				

反人类中心说量表的因子分析的结果如表 4-26 所示，反人类中心说的

KMO 值为 0.754，Bartlett χ^2 检验显著，解释率为 84.175%，各观测变量的因素荷载均大于 0.5。因此，反人类中心说量表的结构效度良好，所收集数据适合进行因子分析。

表 4-26 反人类中心说效度分析

观测变量	因素载荷	KMO	Bartlett χ^2	P	解释率（%）
NEP2	0.920				
NEP7	0.925	0.754	1559.704	0.000	84.175
NEP12	0.907				

自然的平衡量表的因子分析结果如表 2-27 所示，自然的平衡的 KMO 值为 0.738，Bartlett χ^2 检验显著，解释率为 79.575%，各观测变量的因素荷载均大于 0.5。因此，自然的平衡量表的结构效度良好，所收集数据适合进行因子分析。

表 4-27 自然的平衡效度分析

观测变量	因素载荷	KMO	Bartlett χ^2	P	解释率（%）
NEP3	0.901				
NEP8	0.879	0.738	1197.673	0.000	79.575
NEP13	0.896				

反人类例外说量表的因子分析结果如表 4-28 所示，反人类例外说的 KMO 值为 0.733，Bartlett χ^2 检验显著，解释率为 79.928%，各观测变量的因素荷载均大于 0.5。因此，反人类例外说量表的结构效度良好，所收集数据适合进行因子分析。

表 4-28 反人类例外说效度分析

观测变量	因素载荷	KMO	Bartlett χ²	P	解释率（%）
NEP4	0.872	0.733	1238.172	0.000	79.928
NEP9	0.910				
NEP14	0.900				

生态危机量表的因子分析的结果如表 4-29 所示，生态危机的 KMO 值为 0.701，Bartlett χ² 检验显著，解释率为 74.019%，各观测变量的因素荷载均大于 0.5。因此，生态危机量表的结构效度良好，所收集数据适合进行因子分析。

表 4-29 生态危机的可能效度分析

观测变量	因素载荷	KMO	Bartlett χ²	P	解释率（%）
NEP5	0.873	0.701	907.387	0.000	74.019
NEP10	0.817				
NEP15	0.889				

支付意愿量表的因子分析结果如表 4-30 所示，各观测变量生成一个因子，量表的 KMO 值为 0.660，达到了大于 0.6 的标准，Bartlett χ² 检验显著，解释率为 72.174%，各观测变量的因素荷载均大于 0.5。因此，支付意愿量表的结构效度良好，所收集数据适合进行因子分析。

表 4-30 支付意愿效度分析

观测变量	因素载荷	KMO	Bartlett χ²	P	解释率（%）
WTP1	0.831	0.660	855.195	0.000	72.174
WTP2	0.905				

4 湿地生态系统服务非使用价值社会心理因素研究

综上所述，删除荷载较小的 NORM3 后道德信念的 KMO 值能达到大于 0.6 的标准。根据对修正后各研究变量的效度分析，各研究变量的量表均有较好的构建效度。结合前文的信度分析结果，最终删除道德信念观测变量 NORM3，为下一步的假设模型分析提供了良好的基础。

4.6.5 验证性因子分析

为进一步确认模型假设的合理性，本书通过验证性因子分析对上面各潜在变量与通过观测变量得到的实际数据进行拟合，检验定义的测量模型是否可以拟合实际数据的能力，拟合结果分析如表 4-31 所示。

表 4-31 验证性因子分析

潜在变量	观测变量	标准负载
道德（NORM）	NORM1	0.872
	NORM2	0.702
态度（ATT）	ATT1	0.932
	ATT2	0.957
	ATT3	0.946
	ATT4	0.900
主观规范（SN）	SN1	0.903
	SN2	0.936
	SN3	0.893
知觉行为控制（PBC）	PBC1	0.867
	PBC2	0.802
	PBC3	0.867
增长的极限（ZZJX）	NEP1	0.840
	NEP6	0.761
	NEP11	0.729

续表

潜在变量	观测变量	标准负载
反人类中心说（FRLZX）	NEP2	0.885
	NEP7	0.920
	NEP12	0.859
自然的平衡（ZRPH）	NEP3	0.873
	NEP8	0.794
	NEP13	0.830
反人类例外说（FRLLW）	NEP4	0.859
	NEP9	0.889
	NEP14	0.838
生态危机的可能（STWJ）	NEP5	0.816
	NEP10	0.663
	NEP15	0.863
支付意愿（WTP）	WTP1	0.771
	WTP2	0.883

结果表明，绝大多数观测变量的标准负载均大于 0.7，只有 NEP10 的标准负载未达到 0.7，但也高于 0.5。说明前面定义的因子可以很好地拟合实际观测变量。

模型拟合指标如表 4-32 所示。由拟合结果可知，无论是卡方值、RMSEA 值，规范拟合指数 NFI、比较拟合指数值 CFI、不规范拟合指数 NNFI，还是拟合优度指数 GFI，都在可以接受的范围内，该结果充分表明，观测数据与设定的模型拟合程度较高。

表 4-32 模型拟合指标

指标	卡方（P）	自由度	χ^2/df	NFI	NNFI	CFI	GFI	RMSEA
参考范围	—	—	2~5	>0.9	>0.9	>0.9	>0.9	<0.08
拟合结果	1713.984（P=0.00）	360	4.76	0.911	0.913	0.928	0.927	0.069

4.6.6 高阶因子验证性分析

由于"生态伦理观"本身没有观测指标，在模型中是作为高阶因子存在的，所谓高阶因子是指在多个因子之间如果存在共同的、更高一级的潜在变量，在生态环境观的测量模型中，增长的极限、反人类中心说、自然的平衡、反人类例外说、生态危机的可能五个因子为初级因子，它们共同解释生态伦理观这个潜在因子，因此生态伦理观即为二阶因子，为了检验生态环境观的各个维度与二阶因子间的关系，本书对其进行二阶因子验证性分析。

为了使模型能够顺利地拟合，将"生态伦理观"的方差提前设置为1，运用 AMOS 21 对模型进行拟合，结果如图4-6所示。

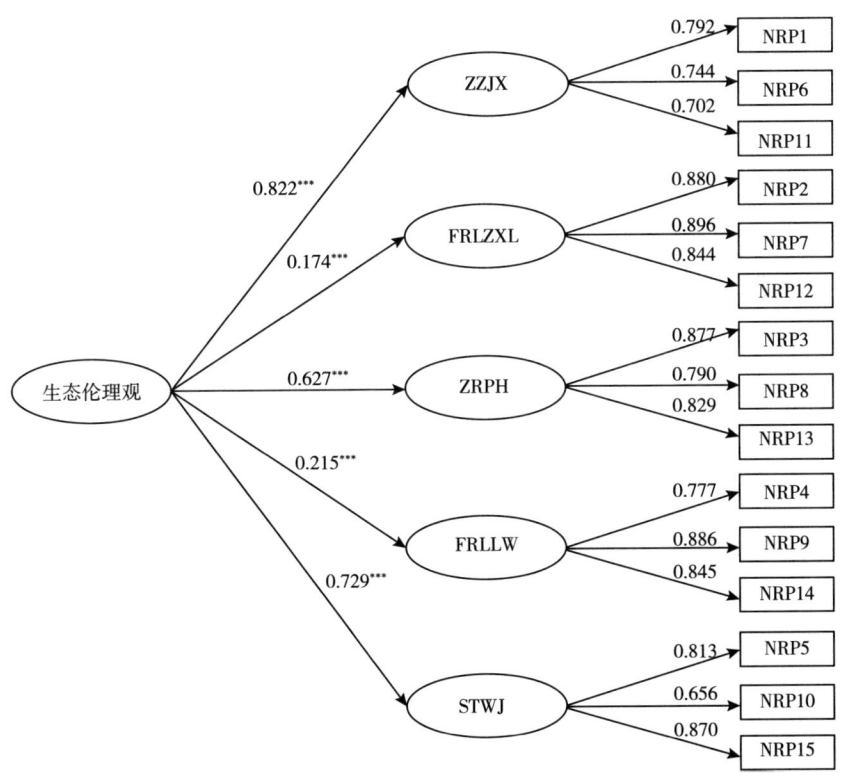

图4-6 生态伦理观二阶因子拟合

注：*** 表示 P 值<0.001。

由图4-6可知，二阶因子（生态伦理观）对于各一阶因子的解释力分别为0.822、0.174、0.627、0.215、0.729，表明，各测量维度与生态伦理观整体呈正相关关系，其中生态环境伦理观因子对于增长的极限、自然平衡、生态危机的解释力较强（负荷系数均大于0.5），而对于反人类中心说和反人类例外说的解释作用较低。同时获得高阶模型的拟合指数如表4-33所示，各个指标值显示该模型拟合结果较为理想。

表4-33 高阶模型拟合指数

指标	卡方（P）	自由度	χ^2/df	NFI	NNFI	CFI	GFI	RMSEA
参考范围	—	—	2~5	>0.9	>0.9	>0.9	>0.9	<0.08
拟合结果	464.920 (P=0.00)	85	4.76	0.929	0.941	0.941	0.929	0.075

4.6.7 SEM评价与结果分析

为了检测本书结构模型的拟合度，通过以上数据分析，利用AMOS 21对结构方程进行拟合，得到拟合情况如图4-7所示，表明该模型除了少量假设没有得到支持外，大部分假设均通过检验，支付意愿被解释的方差为0.728，拟合结果均在可接受范围内。

将结构方程模型中的几个主要指标的拟合度结果与取值范围整理如表4-34所示。通过分析结果可以发现，拟合项目的值都在取值范围之内，说明本书构建的结构模型可以很好地拟合实际数据，不仅符合相关理论的框架，也能够定量表征受访者对湿地生态系统服务采取支付行为的意愿。

4 湿地生态系统服务非使用价值社会心理因素研究

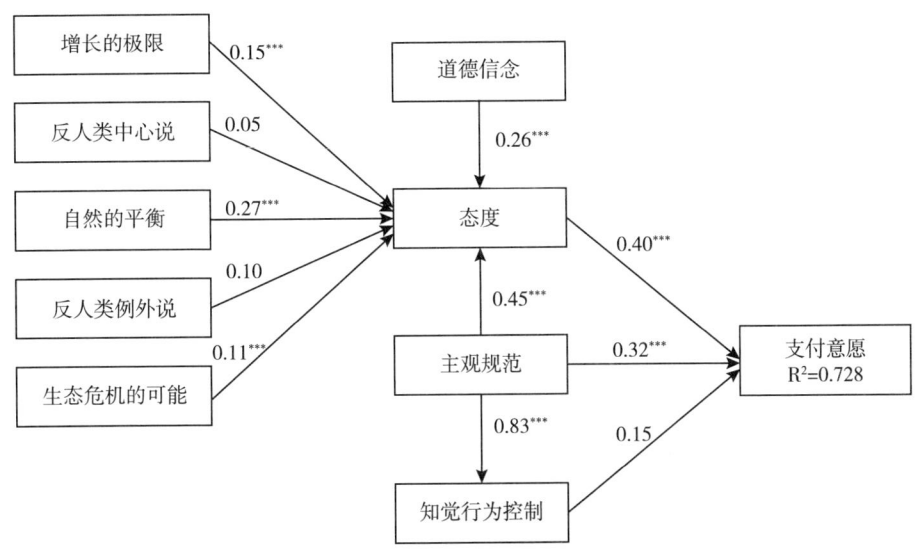

图 4-7 湿地生态系统服务支付意愿影响因素结构方程模型拟合结果

注：*** 表示 P 值<0.001。

表 4-34 SEM 模型指标拟合结果与匹配度

指标类型	拟合度指标	拟合结果	模型匹配度
基本适配度指标	RMSEA	0.064（<0.08）	可以接受
	GFI	0.902（>0.9）	可以接受
比较适配度指标	NFI	0.930（>0.9）	可以接受
	CFI	0.949（>0.9）	可以接受
精简适配度指标	χ^2/df	3.580（<5）	可以接受
	PNFI	0.791（>0.5）	可以接受

利用极大似然估计对参数进行估计，估计结果如表 4-35 所示。

表 4-35 极大似然估计结果

潜变量		观测变量	Estimate	S.E.	C.R.	P	标准化后的路径系数
ATT	<---	ZZJX	0.175	0.047	3.730	***	0.148
ATT	<---	STWJ	0.091	0.027	3.305	***	0.106

续表

潜变量		观测变量	Estimate	S.E.	C.R.	P	标准化后的路径系数
ATT	<---	SN	0.430	0.037	11.656	***	0.450
ATT	<---	NORM	0.536	0.097	5.542	***	0.265
ATT	<---	ZRPH	0.195	0.038	5.167	***	0.272
ATT	<---	FRLLW	0.093	0.034	2.753	0.006	0.095
ATT	<---	FRLZXL	0.059	0.044	1.331	0.183	0.051
PBC	<---	SN	0.776	0.038	20.461	***	0.832
WTP	<---	ATT	0.278	0.025	11.324	***	0.396
WTP	<---	PBC	0.055	0.038	1.439	0.150	0.150
WTP	<---	SN	0.213	0.036	5.892	***	0.318
NORM2	<---	NORM	1.000			***	0.468
NORM1	<---	NORM	1.538	0.153	10.023	***	0.714
ATT4	<---	ATT	1.000				0.897
ATT3	<---	ATT	1.033	0.023	44.775	***	0.923
ATT2	<---	ATT	1.056	0.022	47.997	***	0.953
ATT1	<---	ATT	1.046	0.023	45.923	***	0.939
SN3	<---	SN	1.000				0.880
SN2	<---	SN	1.056	0.026	40.971	***	0.950
SN1	<---	SN	1.054	0.029	36.792	***	0.887
PBC3	<---	PBC	1.000				0.762
PBC2	<---	PBC	1.150	0.051	22.738	***	0.860
PBC1	<---	PBC	0.968	0.033	29.357	***	0.779
NEP1	<---	ZZJX	1.000				0.843
NEP6	<---	ZZJX	0.955	0.046	20.737	***	0.754
NEP11	<---	ZZJX	0.920	0.046	19.906	***	0.722
NEP2	<---	FRLZX	1.000				0.887
NEP7	<---	FRLZX	1.013	0.028	36.777	***	0.913
NEP12	<---	FRLZX	1.018	0.029	34.627	***	0.869
NEP3	<---	ZRPH	1.000				0.871
NEP8	<---	ZRPH	0.964	0.038	25.423	***	0.792
NEP13	<---	ZRPH	0.926	0.035	26.308	***	0.823

续表

潜变量		观测变量	Estimate	S.E.	C.R.	P	标准化后的路径系数
NEP4	<---	FRLLW	1.000				0.862
NEP9	<---	FRLLW	1.048	0.033	31.721	***	0.888
NEP14	<---	FRLLW	1.097	0.037	29.511	***	0.836
NEP5	<---	STWJ	1.000				0.810
NEP10	<---	STWJ	0.877	0.046	19.208	***	0.668
NEP15	<---	STWJ	1.126	0.049	23.063	***	0.867
WTP1	<---		1.000				0.672
WTP2	<---	WTP	0.530	0.024	21.940	***	0.900
WTP3	<---	WTP	1.393	0.085	16.430	***	0.628

注：*** 表示 P 值<0.001。

如表 4-35 所示，除了参照指标设为 1 不予估计外，大部分回归系数均显著，其 C.R. 绝对值均大于 1.960，从受访者的态度前因变量来看，道德信念和主观规范的路径系数均通过了 P 值小于 0.001 的显著性检验，即假设 4 和假设 6 予以支持，说明受访者的道德信念可以显著地影响其对生态系统服务的支付意愿的态度，而主观规范也能够影响受访者的行为态度的形成。此外，受访者的环境伦理观如增长的极限、自然的平衡以及生态危机的标准化后的路径系数分别为 0.148、0.272 和 0.106，且也都通过了 P 值小于 0.001 的显著性检验，即原假设 7、假设 9、假设 11 均成立，说明抱有增长的极限、自然的平衡以及生态危机的可能的生态伦理观也会促进受访者支付行为态度的形成。在影响力方面，增长的极限生态环境伦理观对态度的影响大于自然的平衡和生态危机的可能这两种生态环境伦理观，这意味着受访者认同地球的资源是有限的，人们应该谨慎使用环境资源，同时，若受访者越认同生态危机已经迫在眉睫，人类应该限制自身欲望，与自然和平共处，为了保护湿地生态系统服务而必须付出代价的态度就越强烈。

有趣的是，在所有态度的前因变量检验中，假设8和假设10的参数估计没有通过显著性检验，即拒绝了原假设，说明反人类中心说和反人类例外说的环境伦理观对受访者湿地生态系统服务支付意愿形成的态度不存在显著影响，这显示出对于较深层次的人类与大自然之间续存的关系方面，民众面临着人类自身发展和自然保护方面的一种两难的情境，虽然受访者在形成环保态度的时候赞同人类和自然是平等的，不以人类中心为优先考量，但内心还是认同人定胜天与人类可以驾驭自然的观点。

假设5的参数估计检验系数的P值小于0.001，标准化后的路径系数为0.832，通过显著性检验，即原假设成立，说明受访者对自身行为控制能力的评估判断依赖于来自身边人的影响。这意味着，主观规范决定知觉行为控制。综上，来自那些重要人的社会压力会促进或抑制个体行为，即如果个体周围的人群都乐于为环境保护出资出力，这或将有利于个体提升自身对环保行为的能力判断。可见，提升全民对湿地生态系统服务的保护意识，让人人有采取环保行为的习惯，是未来环保部门可以加强和努力的方向。

最后，从受访者支付意愿的影响因素看，假设H1的检验系数的P值小于0.001，标准化后的路径系数为0.396，通过显著性检验，说明对生态系统服务支付意愿起决定并且直接作用的是态度，态度越正面，人们采取环保行为的意愿就越高，同时道德和生态伦理观也都是通过态度间接影响了支付意愿。主观规范的标准化后的路径系数为0.318，P值小于0.001，原假设H2通过检验，说明受访者的环保意愿会受家人、朋友以及同事的影响。而在支付意愿形成过程中，H3的假设检验系数没有通过P值小于0.001的假设检验，说明受访者对其自身行为控制能力的认知不足以影响他们对生态系统服务愿意支付的额外费用。比较有趣的现象是，在现场追加询问中，受访者的回答竟如出一辙："虽然我们支付的钱不一定全部被用在环境保护上，但是只要能落实一部分也会比现在好，大家都捐我也捐。"对这一现象的可能解释是受我国长期以来生态保护效果不佳的影响，居民在享受自然生态系统环境过程中依然处于弱势,再加上本身文化素质不高,对国家生态保护政策的解读不透彻或者对政府存在不信任感,个体实际支付行为的控制程度常常受制和服从于集体的选择。这也从另一个角度再次证实了主观规范对支付意愿的影响。

综上分析结果可知,原假设 H1、H2、H4、H5、H6、H7、H9、H11 均通过 P 值小于 0.001 的显著性检验,H3、H8 和 H10 没有能够通过假设检验,即拒绝了原假设。具体研究假设的接受情况如表 4-36 所示。

表 4-36 研究假设检验结果

编号	原假设内容	检查结果
H1	当人们对生态系统服务的支付态度更积极时,个人为生态系统服务出资的意愿会更强烈	支持
H2	当人们对生态系统服务的主观规范更积极时,个人为生态系统服务出资的意愿会更强烈	支持
H3	当人们对维护生态系统服务的知觉行为控制提升时,个人为生态系统服务出资的意愿会更强烈	拒绝
H4	当人们对生态系统服务支付的主观规范越来越积极时,个人对支付行为的态度会变得更强烈	支持
H5	当人们对生态系统服务支付的主观规范越来越积极时,个人对支付行为的知觉行为控制会增强	支持
H6	当人们对生态系统服务的道德信念更强烈时,个人对支付行为的态度会变得更积极	支持
H7	当人们抱有增长的极限的环境意识时,个人为生态系统服务出资的态度会更加积极	支持
H8	当人们抱有反人类中心论的环境意识时,个人为生态系统服务出资的态度会更加积极	拒绝
H9	当人们抱有自然的平衡的环境意识时,个人为生态系统服务出资的态度会更加积极	支持
H10	当人们抱有反人类例外说的环境意识时,个人为生态系统服务出资的态度会更加积极	拒绝
H11	当人们抱有生态危机的可能的环境意识时,个人为生态系统服务出资的态度会更加积极	支持

4.7 本章小结

本章在计划行为理论模型的基础上,引入道德信念和生态环境伦理观两个因子,和计划行为理论最初成分(态度、主观规范、知觉行为控制)共同作为潜变量,构建湿地生态系统服务非使用价值影响因素的结构模型,利用三江平原湿地的问卷调查数据,进行实证分析。研究结果表明,对于湿地生态系统服务非使用价值影响最大的是受访者的态度,主观规范不仅直接影响受访者的支付意愿,还以态度为中介间接影响支付意愿的形成,与此同时,受访者态度的形成又受其道德信念、生态环境伦理观的影响。这为后一章进一步研究湿地生态系统服务非使用价值的评估提供了依据。

5　湿地生态系统服务非使用价值评价

条件价值法作为非使用价值评估的主要方法之一,被广泛应用于环境物品价值评估的研究中,其适用于一种湿地生态系统服务的变化状态所引起的个体福利变化,解决湿地生态系统服务整体一种变化状态的价值估计。然而,湿地生态系统服务具有多重属性,湿地环境保护政策决策者更为关心的是湿地生态系统服务哪种属性的变化最能影响人们的福利变化。通过查阅文献和整理分析以往国内外研究经验发现,选择实验法可以有效解决该问题。其认为所有环境物品可以通过一组属性以及这些属性的不同水平来描述,任何一个属性或者水平的变化都将导致环境物品本身的变化,通过对环境物品属性的分析即可计算所有属性的价值并排序,最终得到环境物品的总价值。

基于此,本章利用选择实验法对湿地生态系统服务进行多属性评价,实现湿地生态系统服务非使用价值的评估,并且将计划行为理论与选择实验相结合,对湿地生态系统服务非使用价值评价的经济模型加以改善,完善环境资源价值评价体系,一方面提高选择实验法对生态系统服务价值评价结果的有效性;另一方面为政府制定相关环境保护政策提供定量决策依据。研究结果可为其他同类研究提供参考。

5.1 选择实验法介绍

选择实验法（Choice Experiments，CE）是基于随机效用理论和 Lancaster 的消费者理论[125]发展起来的，属于陈述性偏好方法的一种，已成为生态价值评估的一种重要方法[126]，由来自假想市场的个人的启发式响应组成[127]。选择实验法允许受访者选择具有一系列不同属性或属性水平的等级不同的产品替代品。在处理复杂选择环境数据方面的能力优于 CVM。它假定消费者对于产品的偏好能被分解为分散的效用或"人的价值"的组成部分。该评估方法结合了假设情境构建下的选择实验数据的产生与分析，因此选择环境对于受访者的选择具有重要的影响。CE 有很多的优点：减弱了 CVM 的设计偏差，可以从每个受访个体中引出更多的信息；CE 能够引起对不同属性之间的权衡更深层次的理解[128]；当对多属性项目进行价值评估时，可以用一份问卷来实现，节约了设计和实施政策的有效成本；此外，CE 还能够减少为政策制定者提供额外信息时潜在政策偏差的发生率。

相对于 CVM，选择实验作为一种重要的非市场资源价值评价技术，因其能够进行多属性、多水平决策，适用于虚拟市场中多重属性变动的情况，更容易揭示受访者的偏好信息而成为当前生态环境领域价值研究的主要方法[129]。但是由于 CE 和 CVM 一样，也是基于假想市场的个人陈述而不是其真实行为，CE 研究结果的可靠性及科学性同样受到研究学者们的质疑，其仅包含社会经济属性参数的常规估算模型的有效性受到挑战。

5.1.1 选择模型总论

CE 应用的基本假设是：消费者获得的效用不是基于商品本身，而是从

5 湿地生态系统服务非使用价值评价

商品所拥有的属性中获得效用。因此,假定个体选择使他们效用最大化的属性,可以应用概率模型在每个选择集中不同的选项中进行选择,商品根据其属性而定价。同时,以价格的形式引入一个属性(实际上是一个代理的价格或者成本项,比如自愿支付的金额或者愿意付出的税收等),属性水平变化的支付意愿估计可以根据边际效用来获得。在这项研究中,受访者从湿地生态系统服务的改善计划中获得的效用相当于其属性效用的总和。因此,本书通过设计问卷调查受访者对三江平原湿地生态系统服务改善计划的偏好,并假定效用是基于受访者从选择集中作出的选择,该选择集中包括了湿地生态系统服务改善方案的可能选择,最终建立来自于受访者个人选择的无序多项结果模型。假定每一个居民的效用函数表示为

$$U_{ij} = U(X_j, P_j, \varepsilon_{ij}) \tag{5-1}$$

对于任意个人 i (i=1,2,3,…,n),其效用是由选择一个替代的假设生态系统服务改善方案 j (j = A,B,C) 获得。X_j 是一个描述选择方案 j 的属性向量,P_j 是与选择方案 j 有关的货币成本(或价格)。间接效用函数可以划分为两个部分,所以它可以改写为

$$U_{ij} = V_j + \varepsilon_{ij} = V(X_j, P_j) + \varepsilon_{ij} \tag{5-2}$$

V_j 是个体 i 选择第 j 种选择方案时获得的间接效用函数的可观测部分;ε_{ij} 是这个函数的随机(不可观测)部分。根据随机效用理论,当且仅当个体 i 从选择集 t 中选择第 j 种选择方案获得的间接效用大于任何其他的选择方案 k 的间接效用时,个体 i 将选择第 j 种选择方案而不是选择方案 k,即

$$U_{ij} > U_{ik} \Rightarrow V_j + \varepsilon_{ij} > V_k + \varepsilon_{ik}, \forall k \neq j; j,k \in t \tag{5-3}$$

U_{ik} 是个体 i 选择第 k 种选择方案的间接效用价值。这意味着个体 i 更倾向于选择第 j 种选择方案而不是其他的选择方案 k,即从选择方案 j 收到的满意度超过选择方案 k。如果从 j 的选择获得的效用大于选择集 t 中任何其他选择方案,观测到结果 $y_i = j$。因此,个体 i 选择方案 j 而不是选择方案 k 的概率可以用效用表示(即效用函数的可观测部分和误差部分),如下

所示：

$$P(y_i=j|t)=P(U_{ij}>U_{ik}), \quad \forall k\neq j; j, k\in t$$
$$=P(V_j+\varepsilon_{ij}>V_k+\varepsilon_{ik}), \quad \forall k\neq j; j, k\in t$$
$$=P(\varepsilon_{ij}-\varepsilon_{ik}<V_j-V_k), \quad \forall k\neq j; j, k\in t \qquad (5-4)$$

这对应于个体 i 从选择方案 j 获得的效用大于选择集 t 中任何其他选择方案的概率。假设当地居民是根据方案属性（Z）、社会经济特征和社会心理特征（S）从生态系统服务中获得效用的，可以用随机效用理论来分析选择实验中的选择数据。单个选择效用函数被分解成两部分：一部分是效用的确定性组成部分或可观察的客观成分（V）。V 是描述生态系统服务的属性向量，它会影响当地居民的偏好，并由社会经济特征和当地人的社会心理特征（S）补充。另一部分是随机成分或称为效用的不可观测值（ε），因为不可观测因素也可能会影响当地居民的偏好。为了估计参数和计算福利的影响，通常是假设效用函数为线性形式。每个选项或政策的效用可分为可观测和不可观测因素（误差）。因此，方程可以重写为

$$P_i(j)=Pr\{V(Z_j,S_i)+\varepsilon_{ij}\geqslant V(Z_k,S_i)+\varepsilon_{ik}, s.t. \forall k\neq j;j,k\in t\} \qquad (5-5)$$

为估计方程（5-5）中效用函数的概率函数和可观测参数，对误差项的分布和 V 的函数形式做一些假设。在分析多属性选择时，一个可选方案被最优先选择的概率（可选方案的确定集中）通常表示为 Logistics 分布，在这种背景下，多项 Logit 模型成为 CE 最常用的计量模型。

5.1.2 多项 Logit 模型

多项 Logit 模型定义只包含选择特定的特征作为解释变量且模型参数独立于选择方案 j 的选择。因此，假定 X_j 是 j 中特定属性的水平的结合（即"X_j"是一个选择方案 j 的属性向量），β_x 是与 X_j 有关的偏好参数的向量，因此，个体 i 选择方案 j 的间接效用函数的形式可表示为

$$U_{ij} = \alpha_j + X'_j\beta_x + P'_j\beta_p + \varepsilon_{ij} \tag{5-6}$$

要将随机效用模型成功转为选择模型，需要假设随机误差项 ε_{ij} 的联合分布。多项 Logit 模型假设 ε_{ij} 误差项服从 Gumbel 分布且独立同分布（Independent and Identically Distributed，IID）（即 ε 是 IID 极值分布）。假定价格系数是固定的，同时允许其他系数有所不同。根据上述假设，个体选择方案 j 获得的效用大于选择集 t 中任何其他选择方案的概率可以写成：

$$P(y_i = j | t) = \frac{\exp(\alpha_j + X'_j\beta_x + P'_j\beta_p)}{\sum_{h \in t} \exp(\alpha_h + X'_h\beta_x + P'_h\beta_p)} \tag{5-7}$$

式中，α 为特定选择常量 ASC，这个模型能够衡量每个选择特定变量对个体选择的影响。

5.1.3　IIA 假设

多项 Logit 模型意味着从选择集中选择一个选项必须遵守"独立于不相关的选择方案"的（IIA）性质。即一个选择集中被选择的选项的相对概率不受选择集中其他选择的影响。换句话说，如果在选择集 {A，B} 中一个选择方案 A 比另一种选择方案 B 好，那引入第三种选择方案 C 后（此时扩大了选择集 {A，B，θ}），不能使 B 比 A 变得更好。因此选择方案 C 的引入对于 A 或者 B 哪个是更好的都是没有影响的，有没有 C 与 A 和 B 之间的选择是无关紧要的。这一性质遵循效用的随机组件是独立同分布的假设，更确切地说，它遵循误差项在选择集中的不同选项间的独立性。

5.1.4　评价技术

从计量经济学的角度来看选择实验获取的数据的特征，对每个受访者来说，都有同被要求回答的选择问题一样多的观测值。多项 Logit 模型通过极大似然估计来估计选择特定数据。假设样本是由 i 个个体组成,每个作出 t 个选择。每个选择集由 j 个选择方案组成。假定 δ_{ijt} 为一个哑变量,哑变量取值为

$$\delta_{ijt} = \begin{cases} 1 & \text{个体 i 从选择集 t 中选择方案 j} \\ 0 & \text{其他} \end{cases} \tag{5-8}$$

因此,对应的多项 Logit 模型的似然函数可以写为

$$L(\beta_x, \beta_p) = \prod_{i=1}^{I} \prod_{t=1}^{T} \prod_{j=1}^{J} (P(y_i = j) \mid t)^{\delta_{ijt}} \tag{5-9}$$

5.1.5 消费者补偿剩余

通常情况下选择实验提供两个估计值。首先,选择实验生成一种反映个人支付意愿权衡属性的隐形价格。隐形价格或边际 WTP 表明每个属性和支付属性之间的边际替代率。换句话说,隐形价格反映受访者对一个属性的附加单元的支付意愿。隐形价格的估算是以其他条件不变的假设为基础的。每个属性的隐形价格都可以表现对个体的相对重要性。其次,选择实验可以通过评估福利的影响和个人补偿剩余来获得环境质量改善或环境灾害缓解带来的福利变化。选择实验的应用提供了一种替代性选择机制和社会福利在某种程度上有序表达的机会。这种方法的优越性在于它能使价值判断不受政策制定者和经济学家的影响。最后,选择实验可以克服由政治性或集团利益和决策环境的特点所引起的政策偏差,同时与现实政策又紧密相连。

选择实验的一个重要目标就是估计补偿剩余或属性变化中福利的影响。在本书中,选择实验的关键输出就是三江平原湿地生态系统服务改善的福利变化。选择实验被用来评估每个当地居民对于因实施的政策而改善的湿地生态系统的支付意愿。从这项研究中获得的补偿剩余和隐形价格估计将增加政策制定者可利用的信息,并且帮助他们为湿地的可持续使用制定有效的保护和利用政策。

消费者剩余的估计与属性水平的变化有关，可以由多项Logit模型的最大似然估计得出。当估算模型，如果"X"是由"X_1，X_2，…，X_a"个属性组成，那么具体属性"X_a"的参数估计，用"$β_a$"来表示，可以理解为该属性的边际效用。价格属性的参数估计，用"P"来表示，作为货币的边际效用。因此，观察当一些属性水平变化时的个体选择，和观察与这种特殊场景的变化有关的价格，可以推出每个属性从最初的（即现状）水平到这个属性最后的（即实施保护措施后）水平的边际价值。因此，与改善属性"a"的质量有关的边际支付意愿由公式给出：

$$WTP_a = -\frac{β_a}{β_p} \tag{5-10}$$

式中，WTP_a为边际支付意愿；$β_a$为非价格选择属性的估计系数；$β_p$为价格选择属性的估计系数。则偏好的初始效用状态和最终效用状态差异可表示为属性不同组合方案价值[128]，如式（5-11）所示。

$$CS = -\frac{1}{β_p}\left[\ln\left(\sum_i \exp V_0\right) - \ln\left(\sum_i \exp V_1\right)\right] \tag{5-11}$$

式中，CS为补偿剩余；V_0为初始效用；V_1为最终效用。补偿剩余可以用来估计三江平原湿地在不同生态系统服务保护计划下相应的社会效益，即通过计算总的支付意愿（TWTP）来获得：

$$TWTP = CS * 总人数 \tag{5-12}$$

5.2　选择实验设计

本书选用CE调查的目的在于研究四个主要问题：①估计三江湿地生态系统服务的非使用价值；②估计三江平原湿地生态系统服务的属性价值以及

价值排序；③识别和分析调查对象对三江平原湿地的生态系统服务属性的支付意愿；④探究计划行为理论是否可以改进选择实验模型的估算结果。

5.2.1 选择实验步骤

实验设计过程一般包含五个步骤，如表5-1所示。第一阶段包括确定环境问题和定义现状。第二阶段需要确定可采取什么管理措施来解决环境问题。第三阶段对必要的属性进行选择。第四阶段是关于属性分配水平。第五阶段为实验设计。第一阶段以及第二阶段已经在前面章节中叙述过，这里不再重复。

表5-1 选择实验的步骤

步骤	定义
1. 问题定义	描述研究对象当前状态、面临的问题以及状态改善的受益者
2. 政策场景	确定可以采取哪些管理措施来解决这一问题
3. 选择属性	确定研究对象的相关属性，包括它们的范围、规模
4. 属性水平	确定状态场景和备选策略场景属性的可能级别
5. 实验设计	将属性的级别分配给选项集中的每个选项，确定选择集

5.2.2 属性特征构成及水平的选取

选择实验技术是一种多属性偏好诱导方法。选择实验法提供的是与福利相一致的估计。在选择实验中所采用的问题形式要让受访者很容易回答，因为在选择实验中作出的选择类似于在实际市场中的消费者行为。在运用选择实验法时，要求受访者在一组替代方案中选出他们最偏爱的。这些替代方案被认为是政策的假定性结果。三江平原湿地生态系统服务的两种备选方案

5 湿地生态系统服务非使用价值评价

(不包括当前状态)是假设的生态系统改善计划的潜在结果。备选方案由一系列具有一种或多种水平的属性所决定。这些水平代表了由质量或每种属性引起的收入或福利的数量的假设性变化。个人的选择需要在选择集中拥有不同属性水平的替代方案之间进行。假设的政策变化成本作为一种属性包含在其中,在属性水平的变化中边际效用的估计能够用于估计支付意愿。

在设计选择实验时,最关键的是确定待评价的湿地属性及其水平组合。在确定属性集和属性水平时,不仅要考虑科学的研究标准,还要考虑受访者的直观感受。本书旨在估计三江平原湿地的生态系统服务非使用价值,鉴于此,属性水平的设置应该清晰、明确、选择层次性强。本着生态指标应直观易懂便于受访者选择,且能为政策服务反映急需改善的环境属性的原则,课题小组在已有研究的基础上,通过查阅文献和咨询专家,结合千年生态系统评估中所划分的支持服务、调节服务、供给服务和文化服务四大湿地生态系统服务功能组,最终确定了湿地面积、水源涵养、生物多样性以及自然景观四个湿地生态系统服务功能属性,并设定了一个支付意愿来确定价格属性值。其中,湿地面积这一指标反映了生态系统服务中的供给服务;水源涵养反映了其调节服务;生物多样性主要反映其支持服务;自然景观则主要反映其文化服务。同时,对研究区域里面年长的居民进行采访,采访的主要内容是关于过去几年间三江平原湿地的主要变化。他们认为当前面临的威胁主要有:①水质的下降;②生物多样性降低,鱼类资源匮乏,一些当地的植物和动物正在灭绝;③湿地面积不断减少;④随着人类活动的增加,自然景观严重遭到破坏。而在目前的生产模式下,三江平原湿地的面积呈现逐年减少趋势,保护最大状态是维持其现有水平。水源涵养以及自然景观会伴随着有效的生态环境保护政策的建立而逐步改善,而如果对三江平原湿地的状况不采取任何保护措施,水质将进一步被污染,湿地面积将进一步减少,越来越多的生物物种会消失,自然景观会持续遭到破坏,这表明需要迅速采取保护措施,以防湿地环境进一步恶化。最终,确定为湿地面积设定两个研究水平,生物多样性、水源涵养及自然景观各设定三个研究水平，支付意愿设定五个研究水平。其中，针对现如今值得重视的生态系统服务现状和三江平原湿地面临的威胁，确定研究的属性应侧重于如何保护关键的湿地生态系统服务，如何解决与湿地生态系统管理相关的问题，以及有效的生态系统管理如何可以改善生态系统的供应服务，以最大限度地保护人类社会的利益。通过分析，作为三江平原湿地生态系统服务改善的政策目标，建立了三个理想的改善终端，第一个是维持现状（不再继续恶化）选项，这是需要做出一定保护措施才可以实现的。第二个是理想层次，使所有属性水平都优于现在的状态。第三个是不采取任何措施，环境破坏持续。价格属性变量的变动水平根据课题组以往对三江平原湿地保护支付意愿的研究及预调研结果所确立。最终确定了湿地面积、生物多样性、水源涵养、自然景观以及支付保护价格这五个生态系统服务选择属性及其管理水平，如表5-2所示。

表5-2 选择实验中的湿地属性及管理水平

属性	管理水平	解释
湿地面积	恶化	放任其恶化，湿地面积减少
	维持	维护现状不变
生物多样性	恶化	放任其恶化，物种减少
	维持	维护现状不变
	改善	取得良好的管理效果，物种恢复
水源涵养	恶化	放任其恶化，水质污染，水量降低
	维持	维护现状不变
	改善	取得最佳管理效果，水质改善
自然景观	恶化	放任其恶化，环境破坏，污染严重
	维持	维护现状不变
	改善	取得良好的管理效果，景观优美
支付保护价格（元）	0、50、100、150、200	每人每年支付的费用

5.2.3 实验设计

实验设计涉及如何以有效的方式创建选择集,以及如何将属性级别组合为替代方案和选择集。本书把正交设计的设计策略用于创建选择集。正交设计满足属性水平平衡,并且所有属性在统计上彼此独立。根据表5-2中湿地生态系统服务属性及其管理水平,理论上的可选方案最多有2×3×3×3×4=216种。如果对这216种全部呈现给受访者的方案进行全检测,调查工作量巨大,无论是从研究成本还是从完成任务的质量考虑,都难以实施。因此,对调查问卷中所设计的选项采用部分因子正交法对正交项进行保留,删除明显不符合实际的备选项,之后又通过与生态学家讨论以作出最后的调整后构成可供受访者选择的选择集,每个选择集有三个备选方案,包括现状和无政策干预。最终确定15个选择集作为可供选择的组合方案,问卷设计为五个版本,每个版本包含三个选择集,每个选择集有一个现状方案和两个替代方案,如表5-3所示,受访者可以清楚地理解选择集问题。同时他们会被告知,每个替代方案或政策都是由假设的结果组成的,要求他们选择自己认为对于未来的三江平原湿地最好的政策,并考虑假设每年要进行付款。

表5-3 选择集示例

属性	方案 A	方案 B	方案 C
湿地面积	维持	维持	A和B我都不选,对三江平原不进行任何保护
生物多样性	—	维持	
水源涵养	—	改善	
自然景观	改善	维持	
支付保护价格(元)	200	100	0

5.3 模型估计

根据调查结果，对各项属性状态值和受访者个体特征变量进行虚拟赋值。考虑是否包含受访者个体特征变量以及个人社会心理因素变量，分别选取三个不同的多项 Logit 模型 MNL 对统计数据进行分析。其中，模型 1 仅考虑选择属性及其管理水平；模型 2 将受访者个体特征变量引入模型；为探究个体行为动机对模型结果的影响，模型 3 进一步将第四章验证的对支付意愿有直接影响的个人行为态度和主观规范等个人社会心理影响因素引入模型，检测个人社会心理因素如何影响选择方案被选中的概率。由于道德信念和生态环境伦理观对支付影响的作用是通过态度产生的，因此不加入估算模型。前面章节的描述性的分析显示，相当一部分的受访者选择了现状，被解释为"现状效应"。选择过程遵循这样一个事实，常数能捕获不可观测变量的影响，在选择决策中发挥了作用。为了避免共线性，不得不排除模型中的一个选择特定常量，选择保持现状的相关选项为选择特定常量，也就是说，现状选项被选中时设置哑变量等于 1。MNL 模型评估结果如表 5-4 所示。

表 5-4 MNL 模型评估结果

变量	模型 1			模型 2			模型 3		
	系数	标准误	P 值	系数	标准误	P 值	系数	标准误	P 值
湿地面积	0.3433**	0.1423	0.0159	0.7981***	0.2851	0.0051	0.2709***	0.1629	0.0065
生物多样性	0.2196**	0.0969	0.0140	0.4083**	0.2071	0.0487	0.2119**	0.1149	0.0452
水源涵养	0.4706***	0.1022	0.0000	1.2594***	0.3296	0.0001	0.4550***	0.1192	0.0001
自然景观	0.2382**	0.1049	0.0363	0.6549***	0.2151	0.0023	0.2488***	0.1249	0.0021
ASC1	−0.7779*	0.4298	0.0703	−1.2675*	0.6643	0.0564	−1.1015***	0.5769	0.0093

续表

变量	模型1			模型2			模型3		
	系数	标准误	P值	系数	标准误	P值	系数	标准误	P值
性别				0.7421**	0.3459	0.0320	0.9663***	0.3539	0.0063
年龄				-0.0036	0.1967	0.9856	0.2354	0.1774	0.1845
教育程度				0.3546**	0.1783	0.0467	0.7105***	0.1642	0.0000
收入				0.4647***	0.1639	0.0046	0.1049***	0.1261	0.0041
行为态度							1.1452***	0.1702	0.0000
主观规范							0.8879***	0.1862	0.0000
PRICE	-0.0049***	0.0012	0.0000	-0.0111***	0.0028	0.0001	-0.0046***	0.0014	0.0009
Log Likelihood	-534.2470			-521.3014			-389.8837		
Pseudo-R^2	0.0881			0.1840			0.2648		
AIC/N	1.8590			1.8280			1.7337		

注：***、**、*分别表示在1%、5%、10%的水平上显著。

结果表明，模型1、模型2和模型3中湿地面积、生物多样性、水源涵养、自然景观、支付价格五个属性均在10%的水平上显著，表明问卷设计具有较强的科学性，模型的拟合程度良好。由表5-4的对数似然函数值（Log Likelihood）、伪平方值（Pseudo-R^2）、赤池信息量准则（Akaike Information Criterion，AIC）可知，模型3的拟合度优于模型1和模型2，能更好地解释数据。因此，模型3的估计结果更符合实际情况。

5.4 生态系统服务非使用价值评价

假定其他属性变量水平保持不变，则可以评价某一属性相对基准水平的属性边际价值，各属性的价值即为公众的边际支付意愿。受访者为得到该属性一个水平的改进所愿意支付的保护费用，即该属性的隐含价格。依据式（5-10）求得各项属性的边际价格水平，如表 5-5 所示。由表可见，通过模型 1、模型 2 和模型 3 测算得到的各项生态系统服务属性的边际支付意愿值虽然有一定差异，但大小顺序是一致的，从高到低依次为水源涵养、湿地面积、自然景观和生物多样性，根据拟合性更好的模型 3 估算，居民愿意支付的成本分别为每人每年 98.92 元、58.90 元、54.09 元和 46.06 元，如表 5-5 所示。居民对于湿地水源涵养的关注程度最高，愿意支付较高的价格每人每年 98.92 元，用以改善水源涵养的目前状况，说明居民愿意花更高的代价换取水源的安全质量，这符合现实情况，水是人们生活的第一必需品，生物多样性支付意愿为每人每年 46.06 元，偏好表现为最低，而湿地面积和自然景观是能够保证居民感受到休闲娱乐文化处于一个较满意水平上的基本要素，因此继续改善的意愿相对较高。这一结果表明了受访者与湿地的关系，如居民生活或游憩的使用动机，对受访者重视哪种恢复措施有很大的影响。由此，可以从经济评价的角度，探讨政策制定者应该在哪些地方设定恢复目标。这也从一个侧面表明边际价格测试结果的合理性。

表 5-5 生态系统服务属性的边际支付意愿

单位：元/人·年

属性	模型 1	模型 2	模型 3
湿地面积	69.50	71.96	58.90
生物多样性	44.46	36.82	46.06
水源涵养	95.26	113.56	98.92
自然景观	48.22	59.05	54.09

补偿剩余测算的是三江平原湿地生态系统服务功能整体水平由现状改变到所有属性状态均达到本书设定的最佳状态水平时，当地居民所愿意支付的

成本。从前文介绍的状态水平设定可知，三江平原湿地现有各生态系统服务水平如下：面积减少，生物多样性减少，水源涵养降低，自然景观遭到破坏；期望达到的最佳状态水平为：维持现有面积，生物多样性增加，水源涵养改善，自然景观改善。采用拟合度较高的模型3，根据式（5-11）可计算居民人均意愿支付成本为每人每年218元，2014年黑龙江人口为3833万，根据人均支付意愿＊总人口得到三江平原湿地生态系统服务非使用价值为每年83.559亿元。

5.5 模型结果分析

在模型1、模型2和模型3中，湿地面积、生物多样性、水源涵养和自然景观四项属性与受访者效用均呈正相关，说明受访者对此均表现出正偏好，四项属性状态的改善将有助于提高受访者的效用水平，符合实际。受访者的效用水平与支付价格呈负相关关系，即居民对价格表现出负偏好。模型2和模型3的统计结果进一步表明，性别、受教育程度和家庭年均收入与受访者的选择效用显著相关，而年龄、职业等个体特征则不显著，具体而言，受访者保护湿地生态系统的意愿随文化程度提高而增强，而年收入较高的居民，追求环境保护水平的意愿也更强烈。此外，女性比男性更在意生活环境的好坏。引入受访者态度、主观规范控制变量后的多项Logit模型拟合程度表现更优，能更好地解释消费者的选择行为。所有个体心理特征中，态度和主观规范与选择效用水平之间存在显著的正影响。

5.6 本章小结

虽然湿地生态系统服务的价值评估吸引了全世界的关注，但是在以往的研究中，评估多属性生态系统服务的同时解释公众支付意愿的形成机理的研究仍然还是太少了。本章通过将计划行为理论和选择实验法相结合应用于三江平原湿地生态系统进行实证研究，不仅对三江平原湿地生态系统服务进行了多属性价值评估，同时对选择实验模型进行了改进，揭示了公众社会心理因素以及个人社会特征变量对支付意愿的影响过程，有助于提高选择实验法评估结果的可靠性和科学性。

6 研究结论与未来展望

6.1 研究结论

本书以三江平原湿地生态系统服务为研究对象,对三江平原湿地生态系统服务非使用价值进行评价。基于空间视角,构建湿地生态系统服务非使用价值的空间分异模型;基于计划行为理论,构建湿地生态系统服务非使用价值影响因素的结构方程模型,分析个体社会心理因素之间复杂的连接状态以及对支付意愿的影响强度,揭示公众支付意愿形成的行为动机;将计划行为理论和选择实验法相结合,对湿地生态系统服务非使用价值评价的离散选择模型加以改善,提高选择实验法对生态系统服务非使用价值评价结果的有效性,完善环境资源价值评价体系。本书主要研究结论如下:

(1)构建湿地生态系统服务非使用价值空间分异模型。基于空间视角,根据受访者所处的地理空间位置,将样本分布区域分成核心区、辐射区和外围区三个空间区域,将受访者对三江平原湿地的总体认知作为度量其支付意愿空间分异指标,将其作为独立变量纳入 WTP 计算模型。结果显示,双边界二分式引导技术下,核心区、辐射区和外围区的认知变量与 WTP 呈正相关，说明居民离研究区域越近，认知程度越高，越倾向于愿意支付，核心区、辐射区和外围区的支付意愿分别为每人每年 197.73 元、169.65 元及 151.77 元，呈现阶梯式递减趋势，符合距离衰减性原理，从空间上验证了 WTP 距离衰减性及个体认知的异质性，同时也说明了个体认知与空间距离的相关性，揭示了产生支付意愿距离衰减性的内在机理。

（2）构建基于计划行为理论的湿地生态系统服务非使用价值影响因素结构方程模型。在计划行为理论模型的基础上，引入道德信念和生态环境伦理观两个因子，和态度、主观规范、知觉行为控制共同作为潜变量，讨论受访者对湿地生态系统服务的支付动机。结果表明，扩展的计划行为理论模型有助于解释支付意愿的形成动因，对于湿地生态系统服务非使用价值影响最大的是受访者的态度，主观规范不仅直接影响到受访者的支付意愿，还以态度为中介间接影响到受访者支付意愿的形成，而知觉行为控制不是积极的影响因素。与此同时，受访者态度的形成又受其道德信念、生态环境伦理观的影响。

（3）将计划行为理论和选择实验法相结合，将个人社会经济特征和对支付意愿产生直接影响的心理特征纳入到多项 Logit 模型中。结果表明，纳入到社会心理特征变量可以有效地改进多项 Logit 模型的评价结果。所有个体特征中，受访者的态度、主观规范、文化教育程度和家庭年收入均与选择效用水平之间存在显著的正相关性，女性更倾向于支付。

（4）本书表明三江平原湿地的水源涵养、湿地面积、自然景观和生物多样性四个生态系统服务属性与受访者效用均呈正相关，说明受访者对此均表现出正偏好，四个属性状态的改善将有助于提高受访者的效用水平，符合实际。受访者的效用水平与支付价格呈负相关关系，即居民对价格表现出负偏好。居民对三江平原湿地的水源涵养、湿地面积、自然景观和生物多样性四个湿地生态系统服务的支付意愿分别为每人每年 98.92 元、58.90 元、54.09 元和 46.06 元，居民对于湿地水源涵养的关注程度最高，愿意支付较高的价格即每人每年 98.92 元来改善水源涵养的目前状况,生物多样性的支付意愿为每人每年 46.06 元,偏好表现为最低。

(5) 本书得到三江平原湿地生态系统服务非使用价值为每年 83.559 亿元,表明湿地生态系统服务具有较高的非使用价值,使得湿地生态系统服务的开发和保护的对比成为可能。本书为 TPB 和 CE 的结合提供了有效的实证案例,拓展了计划行为理论的应用领域。研究方法可推广至其他研究对象和区域。

6.2 研究创新点

本书的创新点主要体现在以下几个方面:

(1) 构建基于 CVM 的生态系统服务非使用价值空间分异模型。采用 DC-CVM 估算受访者对三江平原生态环境保护的支付意愿,基于空间视角,根据受访者所处的地理空间位置,将样本分布区域分成核心区、辐射区和外围区三个空间区域,将受访者对三江平原的总体认知作为度量其支付意愿空间分异的重要指标,将其作为独立变量纳入 WTP 计算模型,验证了受访者的认知、空间距离及支付愿意之间存在相关性,解释了距离衰减性的内在机理。

(2) 构建基于扩展计划行为理论的湿地生态系统服务非使用价值影响因素结构方程模型。将个人道德信念和环境伦理观纳入 TPB 模型,对 TPB 模型进行扩展,从社会心理学角度探究生态系统服务支付意愿的形成动因,揭示了湿地生态系统服务非使用价值形成的内在机理。

(3) 提出基于计划行为理论的湿地生态系统服务非使用价值评价方法。将计划行为理论和选择实验法相结合,对多项 Logit 模型进行改进,对三江平原湿地生态系统服务非使用价值进行评价,拓宽了计划行为理论的应用范围,提高了选择实验法在自然环境资源价值评价应用中的可靠性和有效性。

6.3 研究不足与展望

本书还存在一定的不足,需要在以后的研究中加以改善:

(1) 本书仅以三江平原生态系统服务作为研究对象进行研究,对于其他自然环境物品,本书所提出的评价方法的适用性也需要深入的案例分析,因此,下一步有必要对具有不同文化背景、地域特征以及自然资源类型的研究对象开展更多的适用性研究,优化计划行为理论对选择实验法的改善效果。

(2) 本书采用多项Logit模型对湿地生态系统服务的非使用价值进行评价,多项Logit模型通常假定效用函数是线性函数、偏好是同质的,下一步研究将充分考虑受访者偏好异质性的存在,将受访者分为若干个群组进行研究,进一步探讨不同群组支付意愿的影响因素。

(3) 选择实验法研究的根本目的是通过设置合理的选择集,最终得出受访者不同商品属性组合的支付意愿,但由于选择实验是通过设置虚拟市场场景预测受访者支付决策行为,在提供更多偏好信息的同时,也大幅提高了实验设计的难度。受访者收入限制、策略行为、引导方式,受访者的不熟悉与无经验,受访者对项目效益及相应支付意愿的不确定以及样本偏差等都将使得实验结果出现偏差。如何设计一整套更可靠的实验机制将是一个十分吸引人的研究焦点。

附 录

三江平原湿地生态系统服务保护问卷调查

尊敬的先生/女士:

您好!这是东北农业大学为了进行三江平原湿地景观及生态系统服务功能保护研究而进行的公益性问卷调查。

三江平原位于黑龙江、松花江和乌苏里江三江汇流处。覆盖佳木斯、双鸭山、七台河、鹤岗、鸡西及其所属共22个县/市以及哈尔滨市依兰县。三江平原湿地是大量野生动植物(如丹顶鹤、刺五加等)的繁殖栖息地,具有保留物种遗传基因、含蓄水源、减轻洪涝灾害、更新与维持土壤肥力、净化水质、调节气候等功能,具有文化、美学价值,以及可观的观光旅游价值与教育科研价值。

希望您在百忙之中能够抽出时间配合我们的调查工作。本次调查采取匿名调查方式,并且在调查过程中不会要求您对问卷中涉及的金额进行支付。希望您能够和我们一起努力,认真地完成这份调查问卷。

第一部分:基本信息调查(请在您的选择上划"√")

1. 您是否了解三江平原湿地?
A. 非常了解 B. 比较了解 C. 一般了解 D. 不太了解 E. 完全不了解

2. 您是否关心三江平原湿地环境的保护？

A. 非常关心　　B. 比较关心　　C. 一般关心　　D. 不太关心

E. 完全不关心

3. 您对三江平原湿地当前的保护状况如何评价？

A. 保护得非常好　B. 保护较好　　C. 保护一般　　D. 保护不太好

E. 保护非常不好

4. 您认为三江平原湿地的生态状况对您的生活有无影响？

A. 极大影响　　B. 较大影响　　C. 一部分影响　　D. 基本没影响

E. 完全没影响

5. 您认为保护三江平原湿地是否重要？

A. 非常重要　　B. 比较重要　　C. 一般重要　　D. 不太重要

E. 完全不重要

第二部分：湿地保护支付意愿调查（请在您的选择上划"√"）

由于中华人民共和国成立以来过度开垦开发，导致三江平原湿地和森林面积大幅度缩减，湿地景观退化严重，生态环境质量下降，洪涝灾害和旱灾频繁发生，严重威胁三江平原地区的生态安全和社会经济的可持续发展。

保护良好的湿地景观

遭到破坏的湿地景观

1. 三江平原湿地的景观保护计划的实施，除了政府的投入，还需要其他融资渠道，您是否愿意每年从您的收入中拿出一定的资金来维持三江平原湿地生态系统服务的保护现状？

　　A. 愿意（若选此项，请您回答第 2 题）

　　B. 不愿意（若选此项，请您回答第 3 题）

---

2. 如果您愿意进行支付，您会选择以下哪种方式？

　　A. 交税　　　B. 捐款　　　C. 建立保护基金　　　D. 义务劳动

　　E. 其他_____

当前三江平原湿地景观保护计划正处在筹集资金的阶段，如果未来的五年内，需要您每年从您的收入中拿出__1__元支持这一计划，您是否同意？并请回答选项箭头所指问题。

　　A. 同意（若选此项，请回答下题）　　　B. 不同意

每年从您的收入中拿出__3__元，您是否同意？

　　A. 同意　　　B. 不同意

如果您选择同意，那么请问您最多愿意支付多少元？_____元

---

3. 如果您不愿意支付，请选择您拒绝支付的原因。

　　A. 保护湿地景观是国家和政府的责任，不应该由普通居民承担费用

　　B. 我目前没有能力支付这些费用

　　C. 现在三江平原湿地景观状况很好，不需要保护

　　D. 三江平原湿地离我很远，顾不上保护

　　E. 其他_____

第三部分：个人基本信息（请在您的选择上划"✓"）

1. 您的家庭所在地是_____市_____（区/县）_____（乡/镇）

2. 您的性别： A. 男　　　B. 女

3. 您的年龄：

　A. 20岁以下　　B. 21~30岁　　C. 31~40岁　　D. 41~50岁

　E. 51~60岁　　F. 60岁以上

4. 您的职业：

　A. 政府或企事业单位负责人　　B. 专业技术人员

　C. 政府或企事业单位员工　　D. 农民或工人　　E. 学生　　F. 其他

5. 您的受教育程度：

　A. 小学及以下　　B. 初中　　C. 高中（包括中专）　　D. 大学

　E. 研究生及以上

6. 您的个人平均年收入：

　A. 3千元以下　　　B. 3千~6千元　　　C. 6千~1.2万元

　D. 1.2万~2.4万元　　E. 2.4万~3.6万元　　F. 3.6万~4.8万元

　G. 4.8万~6万元　　H. 6万元以上

感谢您的参与以及您对三江平原湿地保护的关注！

三江平原湿地生态环境保护问卷调查

尊敬的先生/女士：

您好！这是东北农业大学为了进行三江平原湿地生态环境保护研究而进行的公益性问卷调查。

三江平原湿地是我国沼泽分布最集中、最广泛的地区，处于黑龙江东部的最低处，三江平原湿地现有的状况是，"湿地面积过去10年减少了40%，生物多样性逐年降低，水源涵养能力不断降低，生态景观不断遭到破坏"，请您在百忙之中能够抽出时间配合我们的调查工作。本次调查采取匿名调查方式，所得数据也会妥善保存并只用于科研，并且在调查过程中不会要求您对问卷中涉及的金额进行真实支付。希望您能够和我们一起努力，认真地完成这份调查问卷。

第一部分：请认真阅读以下问题，在您的选择上画"√"

题号		完全同意	同意	不确定	不太同意	完全不同意
1	如果有相关的募捐活动，我愿意拿出一些钱用来保护三江平原湿地的生态环境	5	4	3	2	1
2	只要负担得起，我愿意为类似保护三江平原湿地这样的公益活动捐款	5	4	3	2	1
3	我钦佩那些为了改善生态环境，自愿参加募捐活动的人	5	4	3	2	1
4	每当我参加了与生态环境相关的募捐活动，我都会感到高兴和满足	5	4	3	2	1
5	如果有人在大街上向我求助，我不会拒绝	5	4	3	2	1

湿地生态系统服务非使用价值评价研究

第二部分：支付意愿调查

以下题目，我们将让您在三江平原湿地未来不同的管理水平上做出选择，不同的管理政策将产生不同的效果，即使想维持现有水平不变，也需要我们全社会的共同努力，为了更好地实施环境保护措施，假设需要您付出一定的代价，请您结合自己的实际情况做出真实的选择。（注：题中"—"符号表示放任其恶化，不进行保护；"不变"表示维护现状的管理水平；"改善"表示取得良好效果的管理水平。）

面积宽广 环境优美 水质清洁 野生动植物繁多

大面积退化 环境破坏 水污染严重 野生动植物大量减少

图1 受保护的三江平原

图2 受污染的三江平原

附 录

1. 请认真思考下面的三个选项，您只能从中选择一项，请在题后面的选项中打"✓"。

	方案 A	方案 B	方案 C
湿地面积	—	—	A 和 B 我都不选，对三江平原不进行任何保护
生物多样性	—	—	
水源涵养	—	不变	
自然景观	改善	改善	
支付保护价格（元）	50	100	0

您的选择是：　　选择 A （　　）　　选择 B （　　）　　选择 C （　　）

接下来的题目和第 1 题很相似，但方案 A 和方案 B 中属性的水平发生了变化，请在回答的时候不要受其他题目的影响。

2. 请认真思考下面的三个选项，您只能从中选择一项，请在题后面的选项中打"✓"。

	方案 A	方案 B	方案 C
湿地面积	—	—	A 和 B 我都不选，对三江平原不进行任何保护
生物多样性	不变	不变	
水源涵养	改善	—	
自然景观	—	改善	
支付保护价格（元）	150	100	0

您的选择是：　　选择 A （　　）　　选择 B （　　）　　选择 C （　　）

3. 请认真思考下面的三个选项，您只能从中选择一项，请在题后面的选项中打"✓"。

	方案 A	方案 B	方案 C
湿地面积	改善	改善	A 和 B 我都不选，对三江平原不进行任何保护
生物多样性	—	改善	
水源涵养	不变	改善	
自然景观	不变	—	
支付保护价格（元）	50	200	0

您的选择是：　　选择 A （　　）　　选择 B （　　）　　选择 C （　　）

4. 如果您都选择方案 C，拒绝支付的理由是____（请在您的选择上画"√"）。

A. 现在三江平原湿地景观状况很好，不需要保护

B. 我希望进行三江平原环境保护，但是我没有能力支付任何费用

C. 我希望进行三江平原环境保护，但是我觉得应该是政府的责任

D. 三江平原湿地离我很远，顾不上保护

E. 我不相信政府能把钱用到环境保护上

F. 其他原因_____

第三部分：请认真阅读以下问题，在您的选择上画"√"

题号		完全同意	同意	不确定	不太同意	完全不同意
1	为保护三江平原湿地的生物多样性和丰富性，我觉得有必要支付一定费用	5	4	3	2	1
2	为保护三江平原湿地以避免湿地面积减少，我觉得有必要支付一定费用	5	4	3	2	1
3	为保护三江平原湿地的自然景观，我觉得有必要支付一定费用	5	4	3	2	1
4	为保护三江平原湿地丰富的水资源，我觉得有必要支付一定费用	5	4	3	2	1
5	我家里人认为应该为保护三江平原支付一定费用，所以我也愿意支付	5	4	3	2	1
6	我朋友认为我应该为保护三江平原支付一定费用	5	4	3	2	1
7	我同事认为我应该为保护三江平原支付一定费用	5	4	3	2	1
8	我觉得我完全有能力为保护三江平原生态环境支付一定的费用	5	4	3	2	1
9	我相信政府部门会对三江平原保护经费的使用有一定的控制能力	5	4	3	2	1
10	我相信政府一定会把经费完全用于三江平原生态环境保护上	5	4	3	2	1

第四部分：请认真阅读以下问题，在您的选择上画"✓"

题号		完全同意	同意	不确定	不太同意	完全不同意
1	我们正在接近地球可以支撑的人口极限	5	4	3	2	1
2	人类有权改造自然以满足其需要	5	4	3	2	1
3	人类干扰自然，常常会产生灾难性后果	5	4	3	2	1
4	人类的智慧将保证我们不会使地球变得不可居住	5	4	3	2	1
5	人类正肆意地破坏地球	5	4	3	2	1
6	如果知道如何开发，地球资源将用之不竭	5	4	3	2	1
7	动植物与人类一样有生存的权利	5	4	3	2	1
8	自然平衡足够强大，足以应付现代工业国家带来的影响	5	4	3	2	1
9	尽管人类有特殊能力，但人类仍然受自然规律支配	5	4	3	2	1
10	所谓人类面临的生态危机被过分夸大了	5	4	3	2	1
11	地球如同一个宇宙飞船，其空间和资源都很有限	5	4	3	2	1
12	人类生来就是要驾驭自然的	5	4	3	2	1
13	自然的平衡十分脆弱，易被破坏	5	4	3	2	1
14	人类最终将会控制自然	5	4	3	2	1
15	如果事态按现在的情况发展下去，我们将很快经历一次大的生态灾难	5	4	3	2	1

第五部分：请认真阅读以下问题，在您的选择上画"✓"

性别	1. 男性　　　　　2. 女性
职业	1. 学生　　　　2. 公务员　　　3. 教师科研人员　　4. 公司职员 5. 医务人员　　6. 商人　　　　7. 工人　　　　　8. 农民 9. 待业　　　　10. 退休　　　　11. 其他
年龄	1. 18岁以下　　2. 19~25岁　3. 26~40岁　4. 41~60岁　　5. 60岁以上
受教育程度	1. 小学及以下　　　　2. 初中　　　　3. 高中（包括中专、职高、技校） 4. 大学　　　　　　　5. 研究生及以上

续表

您的个人平均年收入	1. 5千元以下 4. 3万~5万元	2. 5千~1万元 5. 5万~10万元	3. 1万~3万元 6. 10万元以上		
您的家庭住址是	_____市_____（区/县）_____（乡/镇）				
您是否到过三江平原湿地旅游	1. 0次	2. 1次	3. 2~4次	4. 5~10次	5. 10次以上

感谢您的参与以及您对三江平原湿地保护的关注！

参考文献

[1] 李文华, 张彪, 谢高地. 中国生态系统服务研究的回顾与展望[J]. 自然资源学报, 2009, 24 (1): 1-10.

[2] Heal G. Valuing Ecosystem Services [J]. Ecosystems, 2000, 3 (1): 24-30.

[3] Costanza R., D'Arge R., Groot R. D., et al. The Value of the World's Ecosystem Services and Natural Capital [J]. Nature, 1997, 25 (1): 3-15.

[4] Gowdy J. M. The Value of Biodiversity: Markets, Society, and Ecosystems [J]. Land Economics, 1997, 73 (1): 25-41.

[5] Scheiner S. M. Ecology: A Bridge between Science and Society [M]. Massachusetts: Sinauer Associates, 1997.

[6] Hicks J. R. The Four Consumer's Surpluses [J]. Review of Economic Studies, 1943, 11 (1): 31-41.

[7] Arrow K., Solow R., Leamer E., et al. Report of the NOAA Panel on Contingent Valuation [J]. Federal Register, 1993, 58 (3): 4600-4614.

[8] Provencher B., Bishop R. C. Does Accounting for Preference Heterogeneity Improve the Forecasting of a Random Utility Model? A Case Study [J]. Journal of Environmental Economics & Management, 2004, 48 (1): 793-810.

[9] Concu G. B. Investigating Distance Effects on Environmental Values:

A Choice Modelling Approach [J]. The Australian Journal of Agricultural and Resource Economics, 2007, 51 (2): 175-194.

[10] 谢高地, 鲁春霞, 成升魁. 全球生态系统服务价值评估研究进展[J]. 资源科学, 2001, 23 (6): 5-9.

[11] Costanza R. The Development of Ecological Economics [M]. Cheltenham: Edward Elgar Publishing. Co. Ltd, 1997.

[12] Odum E. P. The Strategy of Ecosystem Development [J]. Science, 1969, 164 (3877): 262.

[13] Groot R. S. D., Wilson M. A., Boumans R. M. J., et al. A Typology for the Classification, Description and Valuation of Ecosystems Functions, Goods and Services. Ecological Economics [J]. 2002, 41 (3): 393-408.

[14] Marsh G. P. Man and Nature [M]. New York: Charles Scribner, 1865.

[15] Clapham A. R. Man's Impact on the Global Environment [J]. Journal of Applied Ecology, 1972, 9 (1): 324.

[16] Westman W. E. How Much are Nature's Services Worth? [J]. Science, 1977, 197 (4307): 960.

[17] Ehrlich P. R. Environmental Disruption: Implications for the Social Sciences [J]. Social Science Quarterly, 1981, 62 (1): 7-22.

[18] Daily G. C. Nature's Services: Societal Dependence on Natural Ecosystems [J]. Pacific Conservation Biology, 1997, 6 (2): 220-221.

[19] Holdren J. P., Ehrlich P. R. Human Population and the Global Environment [J]. American Scientist, 1974, 62 (3): 282.

[20] Costanza R., Sklar F. H., White M. L. Modeling Coastal Landscape Dynamics [J]. Bioscience, 1990, 40 (2): 91-107.

[21] Costanza R., Audley J., Borden R., et al. Sustainable Trade: A New

Paradigm for World Welfare [J]. Environment: Science and Policy for Sustainable Development, 1995, 37 (5): 16-44.

[22] Ammour T., Windevoxhel N., Sención G., et al. Economic Valuation of Mangrove Ecosystems and Sub-tropical Forests in Central America [M]. New York: Charles Scribner, 2000.

[23] Guo Z., Xiao X., Gan Y., et al. Ecosystem Functions, Services and Their Values — A Case Study in Xingshan County of China [J]. Ecological Economics, 2001, 38 (1): 141-154.

[24] Loomis J., Ekstrand E. Economic Benefits of Critical Habitat for the Mexican Spotted Owl: A Scope Test Using a Multiple-bounded Contingent Valuation Survey [J]. Journal of Agricultural & Resource Economics, 1997, 22 (2): 356-366.

[25] Kramer R. A., Mercer D. E. Valuing a Global Environmental Good: U. S. Residents' Willingness to Pay to Protect Tropical Rain Forests [J]. Land Economics, 1997, 73 (2): 196-210.

[26] Garrod G. D., Willis K. G. The Non-use Benefits of Enhancing Forest Biodiversity: A Contingent Ranking Study [J]. Ecological Economics, 1997, 21 (1): 45-61.

[27] Poor P. J. The Value of Additional Central Flyway Wetlands: The Case of Nebraska's Rainwater Basin Wetlands [J]. Journal of Agricultural & Resource Economics, 1999, 24 (1): 253-265.

[28] 欧阳志云, 王如松, 赵景柱. 生态系统服务功能及其生态经济价值评价 [J]. 应用生态学报, 1999, 10 (5): 635-640.

[29] 张翼飞, 赵敏. 意愿价值法评估生态服务价值的有效性与可靠性及实例设计研究 [J]. 地球科学进展, 2007, 22 (11): 1141-1149.

[30] 周葆华, 朱超平等. 安庆沿江湖泊湿地生态系统服务功能价值评

估[J]. 地理研究, 2011, 30 (12): 2296-2304.

[31] 马占东, 高航, 杨俊等. 基于多源数据融合的南四湖湿地生态系统服务功能价值评估[J]. 资源科学, 2014, 36 (4): 840-847.

[32] 崔丽娟, 庞丙亮, 李伟等. 扎龙湿地生态系统服务价值评价[J]. 生态学报, 2016, 36 (3): 828-836.

[33] 敖长林, 董育宁, 焦扬等. 基于双栏模型的三江平原湿地生态保护价值评估[J]. 资源科学, 2016 (5): 929-938.

[34] 敖长林, 刘芳芳, 焦扬等. 三江平原湿地生态价值属性选择分析[J]. 农业技术经济, 2012 (7): 87-93.

[35] 冯磊, 敖长林, 焦扬. 三江平原湿地非使用价值支付意愿的影响因素[J]. 数学的实践与认识, 2012 (1): 59-67.

[36] Baumol W. J., Oates W. E. The Theory of Environmental Policy [M]. Cabridge: Cambridge University Press, 1988: 127-128.

[37] Freeman A. M. The Measurement of Environmental and Resource Values: Theory and Methods [M]. Washington D. C.: Resources for the Future, 2003: 184-191.

[38] Herriges J. A., Kling C. L. Valuing Recreation and the Environment: Revealed Preference Methods in Theory and Practice [J]. Staff General Research Papers Archive, 1999, 21 (1): 104-105.

[39] Ciriracy W. Capital Returns from Soil Conservation Practices [J]. Journal of Farm Economics, 1947 (29): 1181-1196.

[40] Davis R. K. Recreation Planning as an Economic Problem [J]. Natural Resources Journal, 1963, 3 (2): 239-249.

[41] Mitchell R. C., Carson R. T. Using Surveys to Value Public Goods: The Contingent Valuation Method [M]. Washington D. C.: Resources for the Future, 1989, 23 (1): 56-57.

[42] Carson R. T. Valuation of Tropical Rainforests: Philosophical and Practical Issues in the Use of Contingent Valuation [J]. Ecological Economics, 1998 (24): 15-29.

[43] Loomis J., Kent P., Strange L., et al. Measuring the Total Economic Value of Restoring Ecosystem Services in an Impaired River Basin: Results from a Contingent Valuation Survey [J]. Ecological Economics, 2000, 33 (1): 103-117.

[44] Jorgensen B. S., Wilson M. A., Heberlein T. A. Fairness in the Contingent Valuation of Environmental Public Goods: Attitude toward Paying for Environmental Improvements at Two Levels of Scope [J]. Ecological Economics, 2001, 36 (1): 133-148.

[45] Richardson L., Loomis J. The Total Economic Value of Threatened, Endangered and Rare Species: An Updated Meta-analysis [J]. Ecological Economics, 2009, 68 (5): 1535-1548.

[46] Loomis J. B., Le T. H., Gonzálezcabán A. Willingness to Pay Function for Two Fuel Treatments to Reduce Wildfire Acreage Burned: A Scope Test and Comparison of White and Hispanic Households [J]. Forest Policy & Economics, 2009, 11 (3): 155-160.

[47] Deisenroth D., Loomis J., Bond C. Non-market Valuation of Off-highway Vehicle Recreation in Larimer County, Colorado: Implications of Trail Closures [J]. Journal of Environmental Management, 2009, 90 (11): 3490.

[48] Whittington D. Administering Contingent Valuation Surveys in Developing Countries [J]. World Development, 1998, 26 (1): 21-30.

[49] Louviere J. J., Hensher D. A. Using Discrete Choice Models with Experimental Design Data to Forecast Consumer Demand for a Unique Cultural Event [J]. Journal of Consumer Research, 1983, 10 (3): 348-361.

[50] Louviere J. J., Woodworth G. Design and Analysis of Simulated Consumer Choice or Allocation Experiments: An Approach Based on Aggregate Data [J]. Journal of Marketing Research, 1983, 20 (4): 350-367.

[51] Adamowicz W. L. Combining Revealed and Stated Preference Methods for Valuing Environmental Amenities [J]. Journal of Environmental Economics & Management, 1994, 26 (3): 271-292.

[52] Boxall P. C., Adamowicz W. L. Understanding Heterogeneous Preferences in Random Utility Models: A Latent Class Approach [J]. Environmental & Resource Economics, 2002, 23 (4): 421-446.

[53] Carlsson F., Frykblom P., Liljenstolpe C. Valuing Wetland Attributes: An Application of Choice Experiments [J]. Ecological Economics, 2003, 47 (1): 95-103.

[54] Brey R., Riera P., Mogas J. Estimation of Forest Values Using Choice Modeling: An Application to Spanish Forests [J]. Ecological Economics, 2007 (64): 305-312.

[55] 全世文. 选择实验方法研究进展 [J]. 经济学动态, 2016 (1): 127-141.

[56] Carlsson F., Frykblom P., Liljenstolpe C. Valuing Wetland Attributes: An Application of Choice Experiments [J]. Ecological Economics, 2003, 47 (1): 95-103.

[57] Hynes S., Hanley N. Preservation Versus Development on Irish Rivers: Whitewater Kayaking and Hydro-power in Ireland [J]. Land Use Policy, 2006, 23 (2): 170-180.

[58] Christie M., Hanley N., Warren J., et al. Valuing Changes in Farmland Biodiversity Using Stated Preference Techniques [J]. Environmental Valuation in Developed Countries Case Studies, 2006 (1): 50-76.

[59] Birol E., Karousakis K., Koundouri P. Using a Choice Experiment to Account for Preference Heterogeneity in Wetland Attributes: The Case of Cheimaditida Wetland in Greece [J]. Ecological Economics, 2006, 60 (1): 145-156.

[60] Jacobsene J. B., Boiesen J. H., Bo J. T., et al. The Use of Quantitative Measures Versus Iconised Species When Valuing Biodiversity [J]. Environmental & Resource Economics, 2008, 39 (3): 247-263.

[61] Sælen H., Ericson T. The Recreational Value of Different Winter Conditions in Oslo Forests: A Choice Experiment [J]. Journal of Environmental Management, 2013, 131 (131C): 426-434.

[62] Dias V., Belcher K. Value and Provision of Ecosystem Services from Prairie Wetlands: A Choice Experiment Approach [J]. Ecosystem Services, 2015 (15): 35-44.

[63] Schoot T. V. D., Pavlova M., Atanasova E., et al. Preferences of Bulgarian Consumers for Quality, Access and Price Attributes of Healthcare Services: Result of a Discrete Choice Experiment [J]. International Journal of Health Planning & Management, 2015, 34 (2): 293-311.

[64] Grabicki F., Menges R. Status Quo Bias and Consumers' Willingness to Pay for Green Electricity: A Discrete Choice Experiment with Real Economic Incentives [M]. Entscheidungsunterstützung in Theorie und Praxis: Springer Fachmedien Wiesbaden, 2017.

[65] Lombardi G. V., Berni R., Rocchi B. Environmental Friendly Food. Choice Experiment to Assess Consumer's Attitude toward Climate Neutral Milk: The Role of Communication [J]. Journal of Cleaner Production, 2017 (142): 257-262.

[66] Matthews Y., Scarpa R., Dan M. Stability of Willingness-to-pay for Coastal management: A Choice Experiment across Three Time Periods [J]. Eco-

logical Economics,2017(138):64-73.

[67] 徐中民,张志强,龙爱华等.环境选择模型在生态系统管理中的应用——以黑河流域额济纳旗为例[J].地理学报,2003,58(3):398-405.

[68] 金建君,王志石.澳门固体废物管理的经济价值评估——选择试验模型法和条件价值法的比较[J].中国环境科学,2005,25(6):751-755.

[69] 翟国梁,张世秋等.选择实验的理论和应用——以中国退耕还林为例[J].北京大学学报(自然科学版),2007,43(2):235-239.

[70] 樊辉,赵敏娟.自然资源非市场价值评估的选择实验法:原理及应用分析[J].资源科学,2013,35(7):1347-1354.

[71] 王尔大,李莉,韦健华.基于选择实验法的国家森林公园资源和管理属性经济价值评价[J].资源科学,2015,37(1):193-200.

[72] 苏红岩,李京梅.基于改进选择实验法的广西红树林湿地修复意愿评估[J].资源科学,2016,38(9):1810-1819.

[73] 樊辉,赵敏娟,史恒通.选择实验法视角的生态补偿意愿差异研究——以石羊河流域为例[J].干旱区资源与环境,2016,30(10):65-69.

[74] 毛碧琦,敖长林,焦扬等.基于选择实验的三江平原湿地生态系统服务功能价值评价及偏好异质性研究[J].生态学报,2017,37(4):1297-1308.

[75] 范紫娟,敖长林,毛碧琦等.基于陈述性偏好法的三江平原湿地生态保护价值比较[J].应用生态学报,2017,28(2):500-508.

[76] 万伦来,王玮琦,潘星星.基于选择实验法的巢湖水资源非市场价值研究[J].生态经济(中文版),2017,33(4):169-174.

[77] 蓝菁,夏伟峰,刘立等.基于选择实验法的生物资源公众保护偏好研究[J].资源科学,2017,39(3):577-584.

[78] 赵正,马奔,温亚利.基于选择实验法的市民城市林业支付意愿

研究 [J]. 干旱区资源与环境, 2017, 31 (7): 8-13.

[79] Ajzen I., Driver B. L. Application of the Theory of Planned Behavior to Leisure Choice [J]. Journal of Leisure Research, 1992, 24 (3): 207-224.

[80] Moon W., Griffith J. W. Assessing Holistic Economic Value for Multifunctional Agriculture in the U. S. [J]. Food Policy, 2011, 36 (4): 455-465.

[81] Ajzen I., Fishbein M. Attitudinal and Normative Variables as Predictors of Specific Behavior [J]. Journal of Personality & Social Psychology, 1973, 27 (1): 41-57.

[82] Parker, Dianne. The Theory of Planned Behavior: Its Application to the Commission of Driving Violations [J]. Jurnal Pengurusan, 1992, 24 (1): 30-41.

[83] Conner M., Armitage C. J. Extending the Theory of Planned Behavior: A Review and Avenues for Further Research [J]. Journal of Applied Social Psychology, 1998, 28 (15): 1429-1464.

[84] O'Connor R. C., Armitage C. J. Theory of Planned Behaviour and Parasuicide: An Exploratory Study [J]. Current Psychology, 2003 (22): 247-256.

[85] Chu P. Y., Chiu J. F. Factors Influencing Household Waste Recycling Behavior: Test of an Integrated Model [J]. Journal of Applied Social Psychology, 2003, 33 (3): 604-626.

[86] Ceren T., Dilek S. Kilic, Elvan Sahin. A Study on Teacher Candidates' Recycling Behaviors: A Model Approach with the Theory of Planned Behavior [J]. Western Anatolia Journal of Educational Science, 2011, 20 (1): 29-36.

[87] Hartmann P., Apaolaza - Ibáñez V. Virtual Nature Experiences as Emotional Benefits in Green Product Consumption: The Moderating Role of Envi-

ronmental Attitudes [J]. Environment & Behavior, 2008, 40 (6): 818-842.

[88] Borges J. A. R., Lansink A. G. J. M. O., Ribeiro C. M., et al. Understanding Farmers' Intention to Adopt Improved Natural Grassland Using the Theory of Planned Behavior [J]. Livestock Science, 2014 (169): 163-174.

[89] López-Mosquera N., García T., Barrena R. An Extension of the Theory of Planned Behavior to Predict Willingness to Pay for the Conservation of an Urban Park [J]. Journal of Environmental Management, 2014, 135 (4): 91-99.

[90] Paul J., Modi A., Patel J. Predicting Green Product Consumption Using Theory of Planned Behavior and Reasoned Action [J]. Journal of Retailing & Consumer Services, 2016 (29): 123-134.

[91] Chen M. F. Extending the Theory of Planned Behavior Model to Explain People's Energy Savings and Carbon Reduction Behavioral Intentions to Mitigate Climate Change in Taiwan–moral Obligation Matters [J]. Journal of Cleaner Production, 2016, 112 (3): 1746-1753.

[92] Yazdanpanah M., Forouzani M. Application of the Theory of Planned Behaviour to Predict Iranian Students' Intention to Purchase Organic Food [J]. Journal of Cleaner Production, 2015 (107): 342-352.

[93] 尹世久, 吴林海, 杜丽丽. 基于计划行为理论的消费者网上购物意愿研究 [J]. 消费经济, 2008, 24 (4): 35-39.

[94] 崔丽娟, 刘琳. 大学生使用BBS的心理因素研究 [J]. 心理科学, 2008, 31 (1): 205-209.

[95] 王月辉, 王青. 北京居民新能源汽车购买意向影响因素——基于TAM和TPB整合模型的研究 [J]. 中国管理科学, 2013 (21): 691-698.

[96] 宋慧林, 吕兴洋, 蒋依依. 人口特征对居民出境旅游目的地选择的影响——一个基于TPB模型的实证分析 [J]. 旅游学刊, 2016, 31 (2):

33-43.

[97] 罗丞. 消费者对安全食品支付意愿的影响因素分析——基于计划行为理论框架 [J]. 中国农村观察, 2010 (6): 22-34.

[98] 元飞飞. 消费者对可追溯猪肉额外价格支付意愿影响因素研究 [D]. 江西农业大学硕士学位论文, 2016.

[99] 许丽忠, 陈芳, 杨净等. 基于计划行为理论的公众环境保护支付意愿动机分析 [J]. 福建师范大学学报 (自然科学版), 2013, 29 (5): 87-93.

[100] 尹昕. 基于CVM和TPB模型的水环境改善经济价值评估及影响因素研究 [D]. 华东师范大学硕士学位论文, 2016.

[101] 黄宰胜, 陈治淇, 陈钦. 林农碳汇林经营受偿意愿影响因素分析——基于计划行为理论 [J]. 林业经济, 2017 (3).

[102] Sutherland R. J., Walsh R. G. Effect of Distance on the Preservation Value of Water Quality [J]. Land Economics, 1985, 61 (3): 281-291.

[103] Hanink D. M. The Economic Geography in Environmental Issues: A Spatial — Analytic Approach [J]. Progress in Human Geography, 1995, 19 (3): 372-387.

[104] Loomis J. B. How Large is the Extent of the Market for Public Goods: Evidence from a Nationwide Contingent Valuation Survey [J]. Applied Economics, 1996, 28 (7): 779-782.

[105] N. 格里高利·曼昆. 经济学原理 (上) [M]. 梁小民译. 北京: 机械工业出版社, 2003.

[106] Avinash Dixit, Optimization in Economic Theory (Second Edition) [M]. Oxford: Oxford University Press, 1990.

[107] 庇古. 福利经济学 [J]. 社会福利 (理论版), 2015 (6): 2.

[108] Hichs J. Theory of Wages [M]. London: Macmillan, 1932.

[109] Davis R. K. Recreation Planning as an Economic Problem [J]. Natural Resources Journal, 1963 (3): 239-249.

[110] Bishop R. C., Heberlien T. A. Measuring Values of Extramarket Goods: Are Indirect Measures Biased? [J]. American Journal of Agricultural Economics, 1979, 61 (5): 926-930.

[111] Hanemann W. M., Kanninen B. J. The Statistical Analysis of Discrete-response CV Data [M]. Oxford: Oxford University Press, 1999: 302-441.

[112] Hanemann W. M. Welfare Evaluations in Contingent Valuation Experiments with Discrete Responses [J]. American Journal of Agricultural Economics, 1984, 66 (3): 332-341.

[113] Fishbein M., Ajzen I. Believe, Attitude, Intention and Behavior: An Introduction to Theory and Research [M]. Hoboken: Addiosn-Wesley Pub (sd), 1975: 52-98.

[114] Bagozzi R. A. Field Investigation of Causal Relations among Cognitions, Affect, Intentions, and Behavior [J]. Journal of Marketing Research, 1982 (19): 562-584.

[115] Ajzen I., Fishbein M. Understanding Attitudes and Predicting Social Behavior [M]. Englewood Cliffs: Prentice-Hall Inc, 1980.

[116] Ajzen I. Attitudes, Personality, and Behavior [M]. Englewood Cliffs: Prentice-Hall, 1988.

[117] Ajzen I. The Theory of Planned Behavior [J]. Organizational Behavior and Human Decision Processes, 1991 (50): 179-211.

[118] Johansson-Stenman O. The Importance of Ethics in Environmental Economics with a Focus on Existence Values [J]. Environmental & Resource Economics, 1998, 11 (3-4): 429-442.

[119] Spash, C. L. Ethics and Environmental Attitudes with Implications

for Economic Valuation [J]. Journal of Environmental Management, 1997, 50 (4): 403-416.

[120] Elena O., Maria L. Loureiro. Altruistic, Egoistic and Biospheric Values in Willingness to Pay (WTP) for Wildlife [J]. Ecological Economics, 2007, 63 (4): 807-814.

[121] Dunlap R. E., Van Liere K. D. The New Environmental Paradigm: A Proposed Measuring Instrument and Preliminary Results [J]. Journal of Environmental Education, 1978, 9 (4): 10-19.

[122] Dunlap R. E., Van Liere K. D., Mertig A. G., et al. New Trends in Measuring Environmental Attitudes: Measuring Endorsement of the New Ecological Paradigm: A Revised NEP Scale [J]. Journal of Social Issues, 2000, 56 (3): 425-442.

[123] Jöreskog K. G. Factor Analysis by Least-squares and Maximum-likelihood Methods. In Statistical Methods for Digital Computers Enslein K., Ralston A., Wilf H. S. (Eds.) [M]. NewYork: John Wiley & Sons, Inc, 1977: 125-153.

[124] Folmer H., Dutta S., Oud H. Determinants of Rural Industrial Entrepreneurship of Farmers in West Bengal: A Structural Equations Approach [J]. International Regional Science Review, 2010, 33 (4): 367-396.

[125] Kelvin J. Lancaster. A New Approach to Consume Theory [J]. Journal of Political Economy, 1966 (77): 132-157.

[126] Cherchi E., Ortúzar J. D. D. Can Mixed Logit Reveal the Actual Data Generating Process? Some Implications for Environmental Assessment [J]. Transportation Research Part D Transport & Environment, 2010, 15 (7): 428-442.

[127] Hanley N., Wright R. E. Alvarez-Farizo B. Estimating the Economic

Value of Improvements in River Ecology Using Choice Experiments: An Application to the Water Framework Directive [J]. Journal of Environmental Management, 2006, 78 (2): 183-193.

[128] Birol E., Koundouri P., Karousakis K. Using a Choice Experiment to Account for Preference Heterogeneity in Wetland Attributes: The Case of Cheimaditida Wetland in Greece [J]. Ecological Economics, 2006, 60 (1): 145-156.

[129] 李京梅, 陈琦, 姚海燕. 基于选择实验法的胶州湾湿地围垦生态效益损失评估 [J]. 资源科学, 2015, 37 (1): 68-75.

后 记

光阴似箭，日月如梭，此刻我坐在寂静的实验室，一个字一个字地敲下毕业论文的最后一段话，这个时刻，曾经让我望眼欲穿，但真到了眼前，我竟感到了恍惚，猛然间，我才意识到，一眨眼，五年已经过去了，所谓白驹过隙，百代过客云云，想来便是如此这般惆怅了。犹记五年前，我初次踏上哈尔滨这片陌生的土地，来到东北农业大学这座美丽的校园时的生疏；无数个夜晚挑灯夜战备考的执着；通过入学考试，拿到录取通知书的欣喜以及第一次见到我的导师的踏实，这些场景如今仍历历在目，宛如昨日。五年，是漫长的，因为这里有我夹杂在家庭、工作和学业中的苦楚；有我论文被拒时的彷徨；也有我无数次独自一人来回烟台和哈尔滨的孤独。五年，也是短暂的，因为这里同样也有重拾青春的热情，承担责任的勇气以及对学业、家庭以及工作不懈的追求。无疑，这是辛苦的五年，是奋斗的五年，也是收获的五年，必将成为我此生美丽的回忆。

走到今天，这里倾注了太多人的心血，我最要感谢的，是我的导师敖长林教授五年来对我的谆谆教诲和耐心指导。感谢在我开题迷惑时，老师开拓的学术视野和渊博的学术知识给予我无尽的启迪；感谢当我论文投稿时，老师一遍又一遍对论文反复的推敲、精心的修改以及严谨的态度给予我无比的信心；感谢当我遭受水土不服、腰椎间盘突出等身体痛楚时，老师又像一位家中长者一样亲切关怀给予我无比的温暖……五年里，我学业和工作上的每一次小的进步，无不倾注着敖老师的智慧和心血。科研是辛苦的，是需要耐得住寂寞的，从老师这里，我学会了坚持，学会了自信，更学会了把偶尔的孤独当成是人生另外一道亮丽的风景线，在此，我由衷地要对老师说声："老师，谢谢您！"

感谢我的师兄焦扬、佟锐以及师姐王艳芳，从刚入学到我毕业，你们一直像哥哥姐姐一样给予我学习和生活中的帮助和指点，难忘一起出去调研时师兄在本子上写下的满页的注意事项；难忘一到假期，师兄师姐作为东道主带我领略哈尔滨的风土人情；更难忘在哈尔滨感到无聊时师兄师姐纯真的逗乐。从你们身上，我学会了面对生活的豁达和为人处世的宽容。我还要感谢我的师弟师妹们，感谢王静、周领、高丹、陈瑾婷、张宏雷、王旭东、毛碧琦、许荔珊、范紫娟、董育宁、董丽娜、张昆、刘玉星、李庆波、李凤佼、孙宝生、袁伟、宁家靖、王锦茜……名字写到这里，突然发现我们竟是如此庞大的一个大家庭，和你们在一起，真的像和家人在一起一样，你们身上的青春活力无时无刻不感染着我，让我又像十几年前一样享受了青春的美好。

感谢我的家人，感谢我的爱人，这几年是我最拼搏的几年，也是你最辛苦的几年，感谢你一如既往地支持我、关心我，让我可以随时卸下照顾家庭的责任出门求学。感谢我的女儿，虽然无数次离别你都是泪眼婆娑，嘴里不断地念叨着妈妈你快回来，可是真等我到了哈尔滨，你总会在电话里很快乐地告诉我："妈妈，我很好，你好好学习吧"，这五年是妈妈求学的五年，也是你小学最关键的五年，所以妈妈一直坚定一个信念，将博士毕业作为你小学毕业的一份大礼。感谢我的母亲，自从父亲去世后您就独自在老家，这五年我很少回家去陪您，但是您总是用一句"我都挺好的，你放心吧"让我心安。正是你们的爱，给予了我无限的动力！

感谢我的亲人和同学，在无数个漫漫长夜，你们用几十年的情谊给予我温暖，让我可以忘却烦恼，用最饱满的精神状态面对学习、面对生活！

感谢我的工作单位，山东工商学院的领导和同事，是你们的支持和担当，让我可以脱离工作岗位那么久，让我顺利完成学业！

感谢参与调查的每一位调查员和受访者。

感谢在求学路上每一位帮助过我的朋友们。

最后，感谢学位论文评审及答辩委员会的各位专家，您们的批评和建议使这本书熠熠生辉。

在博士生涯即将结束之际，我将带着博士毕业生的自信和骄傲，带着一颗谦卑和感恩的心面对我今后的人生，尽最大的努力回报社会！